高等工科院校"十二五"规划教材

机械设计（及基础）课程设计

王凤良　张则荣　主编

高晓芳　苏德胜　副主编

王沙沙　马迎亚　张利强　戚丽丽　徐永涛　参编

孟庆东　主审

JIXIE SHEJI
JIJICHU
KECHENG SHEJI

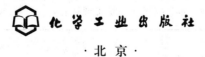

化学工业出版社

·北京·

《机械设计（及基础）课程设计》包括《机械设计》和《机械设计基础》课程设计指导、设计资料、参考图样等内容，对一般机械传动装置的设计思想、设计内容、设计方法及注意事项等进行了系统、全面的介绍，以培养学生自主学习和提高机械设计实际动手能力为目的，学生使用本书经教师适当指导就能独立完成课程设计。编者还设计制作了配套的电子课件，供选用本教材的读者下载使用，内容包括电子教案、动画演示等。

　　《机械设计（及基础）课程设计》可作为机械及近机械专业学生的课程设计教材，也是学生做毕业设计的必备参考书，是机械工程技术人员进行机械设计时的好帮手。

图书在版编目（CIP）数据

机械设计（及基础）课程设计/王凤良，张则荣主编.
北京：化学工业出版社，2016.2
高等工科院校"十二五"规划教材
ISBN 978-7-122-25768-0

Ⅰ.①机…　Ⅱ.①王…　②张…　Ⅲ.①机械设计-
课程设计-高等学校-教材　Ⅳ.①TH122-41

中国版本图书馆 CIP 数据核字（2015）第 285677 号

责任编辑：刘俊之　王清灏　　　　　　　　　文字编辑：陈　喆
责任校对：陈　静　　　　　　　　　　　　　装帧设计：韩　飞

出版发行：化学工业出版社（北京市东城区青年湖南街 13 号　邮政编码 100011）
印　　刷：北京永鑫印刷有限责任公司
装　　订：三河市宇新装订厂
787mm×1092mm　1/16　印张 11½　字数 299 千字　2016 年 3 月北京第 1 版第 1 次印刷

购书咨询：010-64518888（传真：010-64519686）　　售后服务：010-64518899
网　　址：http://www.cip.com.cn
凡购买本书，如有缺损质量问题，本社销售中心负责调换。

定　　价：28.00 元　　　　　　　　　　　　　　　　　版权所有　违者必究

前　言

　　《机械设计（及基础）课程设计》是继《机械设计》或《机械设计基础》理论课学习之后必修的一门重要的实践课程，是理论联系实际非常重要的实践性教学环节，是使学生得到相关的基本知识综合运用和基本技能训练的重要环节，是学生迈向工程设计的一个转折点。

　　本书是根据教育部批准的"机械设计课程教学基本要求"和"机械设计基础课程教学基本要求"的精神，结合近年教学改革的需要，吸取多所院校多年来的教学经验编写而成的。

　　《机械设计（及基础）课程设计》包括《机械设计》和《机械设计基础》课程设计指导、设计资料、参考图样等内容，对一般机械传动装置的设计思想、设计内容、设计方法及注意事项等进行了系统、全面的介绍，以培养学生自主学习和提高机械设计实际动手能力为目的，注意精选内容、引导启迪、利于教学。学生使用本书经教师适当指导就能独立完成课程设计。

　　为了叙述和阅读方便，内容分两部分编写。第一篇为课程设计指导；第二篇为机械设计常用标准和规范。

　　本书具有如下特点：

　　（1）简明扼要，将机械设计（含机械设计基础）课程设计指导、机械设计常用标准和规范、减速器零部件结构及参考图例三部分汇集于一体，便于学生课程设计时查阅。

　　（2）内容按设计步骤安排，以圆柱齿轮减速器为主给出了详细的图例，便于学生使用。

　　（3）精选了典型减速器的装配工作图和主要零件工作图，供学生参考。

　　（4）体现"应用"特色，选择性地收录了课程设计和机械设计中必要的、最常用的设计规范和附件。但对不常用的、占篇幅较多的、在一般的教材或机械设计手册中可以查到的附件及设计规范则不列在本书中。这样就可以激励学生在课程设计过程中自行查阅《机械设计课程设计图册》及《机械设计手册》，达到较全面熟悉和掌握机械设计标准和规范的目的。

　　另外编者还设计制作了与本书相配套的电子课件，供选用本教材的读者下载使用，内容包括电子教案、动画演示等。本书不仅适用于课程设计指导，也是学生做毕业设计，以及机械工程技术人员进行机械设计时的好帮手。

　　参加本书编写的人员有烟台南山学院的王凤良和青岛科技大学的王沙沙、马迎亚、张则荣、张利强、苏德胜、高晓芳、戚丽丽、徐永涛等。

　　王凤良和张则荣任主编，并统稿；高晓芳和苏德胜任副主编。

　　本书由青岛科技大学的孟庆东教授任主审，他提出了许多宝贵意见。

　　本书广泛吸取了有关院校的教学经验，借鉴了参考资料，得到了参编院校教学主管部门的大力支持，在此一并表示衷心感谢。

　　由于编者水平有限，书中难免存在不足之处，敬请广大读者批评指正。

编者

2015 年 10 月

目 录

第一篇

课程设计指导

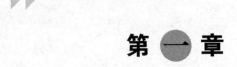

第 一 章

课程设计总论

第一节 课程设计的目的和要求

课程设计是《机械设计》或《机械设计基础》课程重要的实践性教学环节,是培养学生机械设计能力的技术基础课。其主要目的是:

(1) 树立正确的设计思想,培养学生综合运用机械设计课程及有关已修课程的知识,起到巩固、深化、融会贯通及扩展有关机械设计方面知识的作用。

(2) 培养学生分析和解决工程实际问题的能力,使学生学习和掌握机械传动装置或简单机械的一般设计方法和步骤。

(3) 进行机械设计基本技能的训练,如设计计算、绘图、查阅设计资料(手册、图册等)、运用标准和规范以及掌握经验估算等技能。

课程设计的总体要求如下:

(1) 具有正确的工作态度 课程设计是学生第一次较全面的设计训练,它对学生今后的设计和从事技术工作都具有极其重要的意义,因此,学生必须严肃认真、刻苦钻研、一丝不苟地进行设计,才能在设计思想、设计方法和技能诸方面得到锻炼与提高。

(2) 培养独立的工作能力 课程设计是在教师指导下由学生独立完成的。学生在设计中遇到问题,应随时复习有关教材、设计指导书,参阅设计资料,主动地去思考、分析,从而获得解决问题的方法,不要依赖性地、简单地向教师索取答案。这样才能提高独立工作的能力。

(3) 树立严谨的工作作风 设计方案的确定、设计数据的处理应有依据,计算数据要准确,制图应正确且符合国家标准。反对盲目地、机械地抄袭资料和敷衍、草率的设计作风。

(4) 培养按计划工作的习惯 设计过程中,学生应遵守纪律,在规定的教室或设计教室里按预定计划保质保量地完成设计任务。

第二节 课程设计的题目、任务和内容

一、课程设计的题目

课程设计的题目常为一般用途的机械传动装置或简单机械。比较成熟的题目是以直齿或

斜齿圆柱齿轮减速器为主的机械传动装置，如图 1-1 所示带式输送机。部分学生设计以单级蜗杆减速器为主的机械传动装置。每个学生有不同的设计题目或参数要求，一般由教师指定。详见第十五章。

二、课程设计的任务

根据教学要求，一般要求在 2～3 周时间内完成以下的任务：

（1）减速器装配工作图 1 张（用 A1 或 A0 图纸）；

（2）零件工作图 2～3 张（传动件、轴、箱体等）；

（3）设计计算说明书一份（16 开纸），约 6000 字；

（4）答辩。

三、设计的主要内容

一般包括以下几方面：

（1）拟定、分析传动装置的设计方案；

（2）电动机的选择与传动装置运动和动力参数的计算；

（3）传动件的设计计算；

（4）轴的设计与校核；

（5）轴承及其组合部件的设计与校核；

（6）联轴器、键的选择与校核；

（7）润滑、密封设计；

（8）减速器箱体及附件的设计；

（9）减速器装配图的设计与绘制；

（10）零件工作图的设计与绘制；

（11）编写设计计算说明书；

（12）答辩。

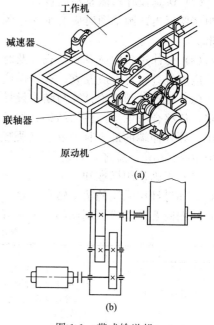

图 1-1　带式输送机

第三节　课程设计的步骤和应注意事项

一、课程设计的步骤

课程设计一般可按以下顺序进行：设计准备工作→传动装置的总体设计→传动件的设计计算→装配图草图的绘制（校核轴、轴承等）→装配图的绘制→零件工作图的绘制→编写设计计算说明书→答辩。每一设计步骤所包括的设计内容如表 1-1 所列。

二、课程设计的有关注意事项

课程设计是学生第一次接受较全面的设计训练。学生一开始往往不知所措，为了尽快投入和适应设计实践，在课程设计中应注意以下事项：

（1）掌握设计进度，按时完成设计任务　课程设计是在教师指导下由学生独立完成的，设计中学生要严格按照设计进度进行，认真阅读设计指导书，查阅有关设计资料，勤于思考，发挥主动性，严格要求，保质保量地按时完成设计任务。

（2）认真设计草图是提高设计质量的关键　草图也应该按正式图的比例尺画，而且作图的顺序要得当。画草图时应着重注意各零件之间的相对位置，有些细部结构可先以简化画法画出。

（3）设计过程中应及时检查、及时修正　设计过程是一个边绘图、边计算、边修改的过程，应经常进行自查或互查，有错误应及时修改，以免造成大的返工。

（4）正确处理理论计算与结构设计的关系　机械中零部件的尺寸不可能完全由理论计算确定，应综合考虑零部件的结构、加工、装配、经济性等诸多因素的影响。如在轴的结构设计中，轴外伸端的最小直径 d_{min} 按强度计算为42mm，但考虑到相配联轴器的孔径，最后可能取 $d=45$mm。总之，确定零件尺寸时，必须考虑理论计算、结构和工艺的要求。

（5）正确使用标准和规范　设计中正确运用标准和规范，有利于零件的互换性和加工工艺性。如设计中采用的滚动轴承、带、键、联轴器等，其参数和尺寸必须严格遵守标准和规定；绘图时要遵守机械制图的标准和规范。

表 1-1　课程设计的步骤

步骤	主　要　内　容	学时比例
1. 设计准备工作	(1)熟悉任务书,明确设计的内容和要求 (2)熟悉设计指导书、有关资料、图纸等 (3)观看录像、实物、模型,或进行减速器装拆实验等,了解减速器的结构特点与制造过程	5%
2. 总体设计	(1)确定传动方案 (2)选择电动机 (3)计算传动装置的总传动比,分配各级传动比 (4)计算各轴的转速、功率和转矩	5%
3. 传动件的设计计算	(1)计算齿轮传动(或蜗杆传动)、带传动、链传动的主要参数和几何尺寸 (2)计算各传动件上的作用力	5%
4. 装配图草图的绘制	(1)确定减速器的结构方案 (2)绘制装配图草图(草图纸),进行轴、轴上零件和轴承组合的结构设计 (3)校核轴的强度、校核滚动轴承的寿命 (4)绘制减速器箱体结构 (5)绘制减速器附件	40%
5. 装配图的绘制	(1)画底线图,画剖面线 (2)选择配合,标注尺寸 (3)编写零件序号,列出明细栏 (4)加深线条,整理图面 (5)书写技术条件、减速器特性等	25%
6. 零件工作图的绘制	(1)绘制齿轮类零件工作图 (2)绘制轴类零件工作图 (3)绘制其他零件的工作图(由指导教师定)	8%
7. 编写设计计算说明书	(1)编写设计计算说明书,内容包括所有的计算,并附有必要的简图 (2)写出设计总结。一方面总结设计课题的完成情况,另一方面总结个人所作设计的收获体会以及不足之处	10%
8. 答辩	(1)作答辩准备 (2)参加答辩	2%

第二章

机械传动装置的总体设计

机器通常是由原动机、传动装置和工作机三部分组成。传动装置是在原动机与工作机之间传递运动和动力的中间装置，它可以改变速度的大小与运动形式，并将动力和转矩进行传递、分配。

传动装置的总体设计包括确定传动方案、选择电动机型号、确定总传动比并合理分配各级传动比、计算传动装置的运动和动力参数等，为下一步计算各级传动件提供条件。

第一节 拟订传动方案

一、传动方案分析

拟订传动方案即是合理选择机械传动装置的传动机构，并用机构运动简图表示，反映出运动和动力传递路线与各部件的组成和连接的关系。合理的传动方案首先要满足机器的功能要求，例如传递功率的大小、转速和运动形式。此外还要适应工作条件（工作环境、场地、工作年限等），满足工作可靠、结构简单、尺寸紧凑、传动效率高、使用维护便利、工艺性和经济性合理等要求。要同时满足这些要求是比较困难的，因此要通过分析比较多种方案，选择能保证重点要求的较好传动方案。

如图 2-1 所示为电动绞车的三种传动方案，（a）方案采用二级圆柱齿轮减速器，适合在繁重及恶劣条件下长期工作，使用维护方便，但结构尺寸较大；（b）方案采用蜗杆减速器，结构紧凑，但传动效率较低，在长期连续使用时就不经济；（c）方案采用一级圆柱齿轮减速器和开式齿轮传动，成本较低，但使用寿命较短。可见这三种方案虽然都能满足电动绞车的功能要求，但结构、性能和经济性都不同，要根据工作条件要求去确定较好的方案。总之，传动方案的分析比较是设计过程中很重要的工作，它直接关系到设计的合理性、可行性和经济性。如果设计中给定了传动方案，也应分析论证其合理性或提出改进意见。

常用传动机构的性能及适用范围参见表 2-1。常用减速器类型及特点参见表 2-2。为了能更好地选择传动方案，下面几点内容供参考：

（1）带传动承载能力较低，在传递相同转矩时结构尺寸较其他传动形式大，但是带传动平稳，能缓冲吸振，有过载保护作用，因此尽量放在传动装置的高速级。

（2）链传动运转不均匀，有冲击，不适用于高速传动，宜布置在传动装置的低速级。

（3）蜗杆传动较适用于传动比大、中小功率、间歇工作的场合，承载能力较齿轮传动

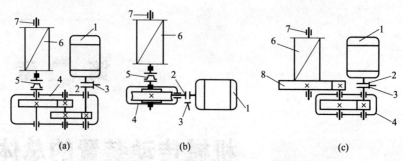

图 2-1 电动绞车传动方案简图

1—电动机；2,5—联轴器；3—制动器；4—减速器；

6—卷筒；7—轴承；8—开式齿轮

低，宜布置在传动装置的高速级，以获得较小的结构尺寸和形成润滑油膜，提高承载能力。

（4）锥齿轮加工困难，特别是大模数锥齿轮，因此锥齿轮传动宜布置在传动装置的高速级并限制其传动比，减小其直径和模数。

（5）斜齿轮较直齿轮传动平稳，宜布置于高速级或要求传动平稳的场合。

（6）开式齿轮传动的工作环境较差，润滑条件不好，磨损较严重，宜布置在低速级。

（7）一般情况下，总是将改变运动形式的机构，如连杆机构、凸轮机构、螺旋传动等布置在传动装置的末端。

表 2-1 常用机械传动的主要性能及适用范围

传动机构 选用指标		平带传动	V 带传动	链传动	齿轮传动		蜗杆传动	圆柱摩擦轮传动
功率（常用值）/kW		小 （≤20）	中 （≤100）	中 （≤100）	大 （最大达 50000）		小 （≤50）	小 （≤20）
单级 传动比	常用值	2～4	2～4	2～5	圆柱 2～5	圆锥 2～3	10～40	2～4
	最大值	5	7	6	8	5	80	5
传动效率		中	中	中	高		低	较低
许用的线速度（一般精度等级）/(m/s)		≤25	≤25～30	≤40	≤15～30[①]	≤5～15[①]	≤15～35	≤15～25
外廓尺寸		大	大	大	小		小	大
传动精度		低	低	中等	高		高	低
工作平稳性		好	好	较差	一般		好	好
自锁能力		无	无	无	无		可有	无
过载保护作用		有	有	无	无		无	有
使用寿命		短	短	中等	长		中等	短
缓冲吸振能力		好	好	中等	差		差	好
要求制造及安装精度		低	低	中等	高		高	中等
要求润滑条件		不需	不需	中等	高		高	一般不需
环境适应性		不能接触酸、碱、油类、爆炸性气体	好	一般	一般		一般	一般

① 上限为斜（曲）齿轮的圆周速度，下限为直齿轮的圆周速度。

表 2-2　减速器的主要类型及特点

类型	简图及特点
一级圆柱齿轮减速器	传动比一般小于 5,可用直齿、斜齿或人字齿,传递功率可达数万千瓦,效率较高,工艺简单,精度易于保证,一般工厂均能制造,应用广泛。轴线可作水平布置、上下布置或铅垂布置
二级圆柱齿轮减速器	传动比一般为 8～40,用直齿、斜齿或人字齿。结构简单,应用广泛。展开式由于齿轮相对于轴承为不对称布置,因而沿齿向载荷分布不均,要求轴有较大刚度。分流式的齿轮相对于轴承对称布置,常用于较大功率、变载荷场合。同轴式长度方向尺寸较小,但轴向尺寸较大,中间轴较长,刚性较差。两级大齿轮直径接近,有利于浸油润滑。轴线可以水平、上下或铅垂布置
一级圆锥齿轮减速器	传动比一般小于 3,用直齿、斜齿或螺旋齿
二级圆锥-圆柱齿轮减速器	锥齿轮应布置在高速级,使其直径不致过大,便于加工
一级蜗杆减速器	结构简单,尺寸紧凑,但效率较低,适用于载荷较小、间歇工作的场合。蜗杆圆周速度 $v \leqslant 4～5\text{m/s}$ 时用下置蜗杆,$v > 4～5\text{m/s}$ 时用上置式。采用立轴时密封要求高

类型	简图及特点
齿轮-蜗杆减速器	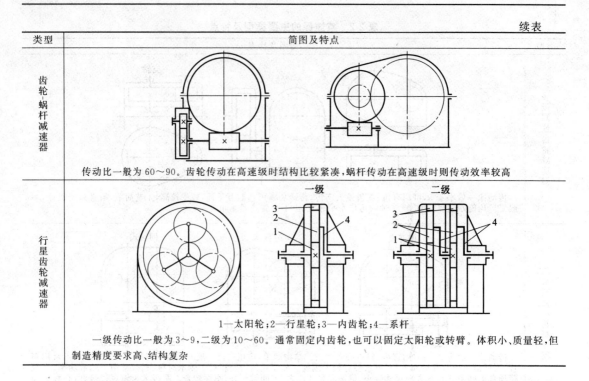传动比一般为 60～90。齿轮传动在高速级时结构比较紧凑,蜗杆传动在高速级时则传动效率较高
行星齿轮减速器	1—太阳轮;2—行星轮;3—内齿轮;4—系杆 一级传动比一般为 3～9,二级为 10～60。通常固定内齿轮,也可以固定太阳轮或转臂。体积小、质量轻,但制造精度要求高、结构复杂

二、拟订传动方案

拟订传动方案前,应阅读有关资料,了解各种传动机构和各类减速器的特点;阅读各类减速器装配图,了解其组成和结构,这对初学者尤为重要。建立技术储备,才会胸有成竹,拟订出合理的方案。拟订传动方案主要包括以下工作:

(1) 选择减速器类型。

(2) 选择传动机构（传动件）类型和传动级数。

(3) 确定减速器布置形式。没有特殊要求时,尽量采用水平布置（卧式）,对二级圆柱齿轮减速器,可由传递功率大小和轴线布置要求等来决定采用展开式、分流式还是同轴式蜗杆减速器,可由蜗杆圆周速度大小来决定蜗杆是上置还是下置。

(4) 确定剖分面形式。没有特殊要求时,齿轮减速器机体常采用水平剖分面形式,以利于加工和装配。蜗杆减速器机体可以沿蜗轮轴线剖分,也可用整体式机体（用大端盖）结构。

(5) 初选轴承类型。一般减速器常用滚动轴承,可由载荷和转速等要求初选轴承类型,同时要考虑轴承的调整、固定、润滑、密封和端盖结构形式。

(6) 初选联轴器类型。高速轴常用弹性联轴器,低速轴可用刚性联轴器。

(7) 绘制机构运动简图。

依据设计题目要求,同时拟订 2～3 个传动方案并进行分析比较,选取最优方案。

选定的传动方案,在后续设计过程中有可能还需不断修改和完善。

第二节　电动机的选择

与其他原动机比较,电动机构造简单、工作可靠、控制方便、维护容易,一般机械大多采用电动机。选择电动机的类型、结构形式、容量和转速,要确定电动机的具体型号和尺寸。

一、选择电动机类型和结构形式

电动机类型和结构形式要根据电源（交流或直流）、工作条件（温度、环境、空间尺寸等）和载荷特点（性质、大小、启动性能和过载情况）来选择。

电动机有交流、直流之分，一般情况下采用交流电动机。交流电机有鼠笼式和绕线式，绕线式启动力矩大，能满载启动，但质量大，价格高，因此一般情况尽量采用鼠笼式。交流电机又分同步和异步两种，一般场合都用异步电机。总之，无特殊要求时常用交流鼠笼式异步电机，最常用的是 Y 系列鼠笼三相异步电机，适用于不易燃、不易爆、无腐蚀性气体和无特殊要求的场合。由于启动性能好，也适用于某些要求启动转矩较高的机械。需要经常启动、制动和反转的机械，要求电机的转动惯量小和过载能力大，应选用起重和冶金用的 YZ 系列或 YZR 系列异步电机。易燃易爆场合应选用防爆电机。

按安装位置不同，有卧式和立式两类，一般常用卧式。按防护方式不同有开启式、防护式（防滴式）、封闭式及防爆式等，一般常用封闭式。同一类型的电机又制成了多种机座安装形式供选择。有关电机的技术参数可查阅附录九相关内容。

二、确定电动机的功率

电动机的功率是否合适，对电动机的工作和经济性都有影响。功率小于工作要求，则不能保证工作机正常工作，或使电动机长期过载、发热而过早损坏；功率过大，则电动机功率不能充分使用，造成浪费。

电动机的功率主要是根据电动机运行时的发热条件决定的。对于长期连续运转、载荷不变或变化很小、常温下工作的机械，只要所选电动机的额定功率 P_m 等于或略大于电动机实际所需的输出功率 P_0，即 $P_m \geqslant P_0$ 就行。通常可不必校验电动机的发热和启动转矩。

（1）计算工作机所需功率 P_w（kW）　应根据工作机的工作阻力和运动参数计算求得。

课程设计时，可根据设计题目给定的工作机参数（F_w、v_w、T_w、n_w），按下式计算

$$P_w = \frac{F_w v_w}{1000 \eta_w} \qquad (2-1)$$

或

$$P_w = \frac{T_w n_w}{9550 \eta_w} \qquad (2-2)$$

式中　F_w——工作拉力，N；

v_w——工作机的线速度，m/s；

T_w——工作机的转矩，N·m；

n_w——工作机的转速，r/min；

η_w——工作机的效率，对于带式输送机，一般取 $\eta_w = 0.94 \sim 0.96$。

（2）计算由电动机至工作机的总效率 η

$$\eta = \eta_1 \eta_2 \eta_3 \cdots \eta_n \qquad (2-3)$$

式中，η_1、η_2、η_3、$\cdots$、η_n 分别为传动装置中每一级传动副（如带传动、齿轮传动、链传动等）、每对轴承及每个联轴器的效率，其值可参照表 2-3。

计算传动装置总效率时应注意以下几点：

① 轴承效率通常指一对而言。

② 资料推荐的效率值　一般有一个范围，在一般条件下宜取中间值。若工作条件差、加工精度低和维护不良时，应取较低值；反之可取较高值。

③ 同类型的几对传动副、轴承或联轴器，要分别计入各自的效率。

④ 蜗杆传动效率与蜗杆头数及材料有关，设计时应初选头数并估计效率。此外蜗杆传动效率中已包括蜗杆轴上一对轴承的效率，因此，在总效率的计算中，蜗杆轴上的轴承效率不再计入。

表 2-3　机械传动和轴承效率

类　　　型	开　　式	闭　　式
圆柱齿轮传动	0.94～0.96	0.96～0.99
圆锥齿轮传动	0.92～0.95	0.94～0.98
蜗杆传动		
自锁蜗杆	0.30	0.40
单头蜗杆	0.50～0.60	0.70～0.75
双头蜗杆	0.60～0.70	0.75～0.82
四头蜗杆	—	0.82～0.92
圆弧面蜗杆	—	0.85～0.95
单级 NGW 行星齿轮传动	—	0.97～0.99
链传动	0.90～0.93	0.95～0.97
摩擦轮传动	0.70～0.88	0.90～0.96
平带传动	0.97～0.98	—
V 带传动	0.94～0.97	—
滚动轴承（每对）	0.98～0.995	
滑动轴承（每对）	0.97～0.99	
联轴器		
具有中间可动元件的联轴器	0.97～0.99	
万向联轴器	0.97～0.98	
齿轮联轴器	0.99	
弹性联轴器	0.99～0.995	

（3）计算电动机实际所需的输出功率 P_0

$$P_0 = \frac{P_w}{\eta} \tag{2-4}$$

（4）确定电动机额定功率 P_m　根据电动机实际所需的输出功率 P_0，查表 9-1，确定电动机额定功率 P_m，即 $P_m \geqslant P_0$ 就行。

三、确定电动机的转速

功率相同的三相异步电动机，其同步转速有 750r/min、1000r/min、1500r/min 和 3000r/min 四种。电动机转速越低，则磁极数越多，外廓尺寸及质量都越大，价格也越高，但传动装置总传动比越小，可使传动装置的结构越紧凑。而电动机转速越高，其优缺点正好相反。因此，在确定电动机转速时，应进行分析比较，综合考虑，权衡利弊，选择最优方案。

选择电动机转速时，可先根据工作机的转速和传动装置中各级传动的常用传动比范围，推算出电动机转速的可选范围，以供参考比较。即

$$n_d = (i'_1 i'_2 i'_3 \cdots i'_n) n_w \tag{2-5}$$

式中　　　　n_d——电动机转速可选范围；

n_w——工作机转速；

$i'_1, i'_2, i'_3, \cdots, i'_n$——各级传动机构的合理传动比范围，见表 2-4。

课程设计时一般推荐选用同步转速为 1000r/min、1500r/min 两种。

四、确定电动机的型号

根据确定的电动机的类型、结构、功率和转速，可由表 9-1 查取 Y 系列电动机型号及外

形尺寸，并将电动机型号、额定功率、满载转速、外形尺寸、电动机中心高、轴伸尺寸和键连接尺寸等相关数据记录备用。

课程设计过程中进行传动装置的传动零件设计时所用到的功率，以电动机实际所需输出功率 P_0 作设计功率。转速均按电动机额定功率下的满载转速 n_m 来计算。

第三节　传动装置总传动比的计算及分配

一、总传动比的确定

电动机确定后，根据电动机的满载转速 n_m 及工作机的转速 n_w，计算出传动装置的总传动比。即

$$i = \frac{n_m}{n_w} \tag{2-6}$$

二、各级传动比的分配

若传动装置由多级传动组成，则总传动比应为串联的各分级传动比的连乘积：

$$i = i_1 i_2 i_3 \cdots i_n \tag{2-7}$$

合理分配传动比在传动装置设计中非常重要。它直接影响到传动装置的外廓尺寸、重量、润滑情况等许多方面。各级传动比分配时应考虑以下几点：

（1）各级传动比都在各自推荐的范围内选取，以保证符合各种传动形式的工作特点和结构紧凑。各类传动的传动比数值范围见表2-4。

（2）应使各传动件尺寸协调、结构匀称合理。例如，带传动的传动比过大，大带轮半径大于减速器输入轴中心高度（见图2-2）而与底架相碰。因此由带传动和单级齿轮减速器组成的传动装置中，一般应使带传动的传动比小于齿轮的传动比。

（3）应使传动装置的总体尺寸紧凑，重量最小。图2-3所示为二级圆柱齿轮减速器，当总中心距和总传动比相同时，细实线所示的结构（高速级传动比 $i_1 = 5$，低速级传动比 $i_2 = 4.1$）具有较小的外廓尺寸，这是由于大齿轮直径较小的缘故。

（4）应使各传动件彼此不应发生干涉碰撞。如图2-4所示，高速级传动比过大，造成高速级大齿轮齿顶圆与低速轴相碰。

（5）在二级或多级齿轮减速器中，尽量使各级大齿轮浸油深度大致相近，以便于实现统一的浸油润滑。如在二级展开式齿轮减速器中，常设计为各级大齿轮直径相近，以便于齿轮浸油润滑。一般推荐 $i_{高} = (1.3 \sim 1.5) i_{低}$。

表2-4　各类传动传动比的数值范围

传动类型		一般范围	最大值
圆柱齿轮传动	一级开式传动	3～7	≤15～20
	一级减速器	3～6	≤12.5
	二级减速器	8～40	≤60
	一级行星（NGW）减速器	3～9	≤13.7
	二级行星（NGW）减速器	10～60	≤150
圆锥齿轮传动	一级开式传动	2～4	≤8
	一级减速器	2～3	≤6
圆锥-圆柱齿轮减速器		10～25	≤40

续表

传动类型		一般范围	最大值
蜗杆传动	一级开式传动	15～60	≤120
	一级减速器	10～40	≤80
	二级减速器	70～800	≤3600
蜗杆-圆柱齿轮减速器		60～90	≤480
圆柱齿轮-蜗杆减速器		60～80	≤250
带传动	开口平带传动	2～4	≤6
	有张紧轮的平带传动	3～5	≤8
	三角带传动	2～4	≤7
链传动		2～6	≤8
圆柱摩擦轮传动		2～4	≤8

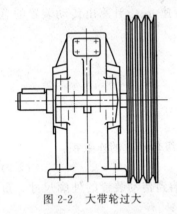

图 2-2 大带轮过大

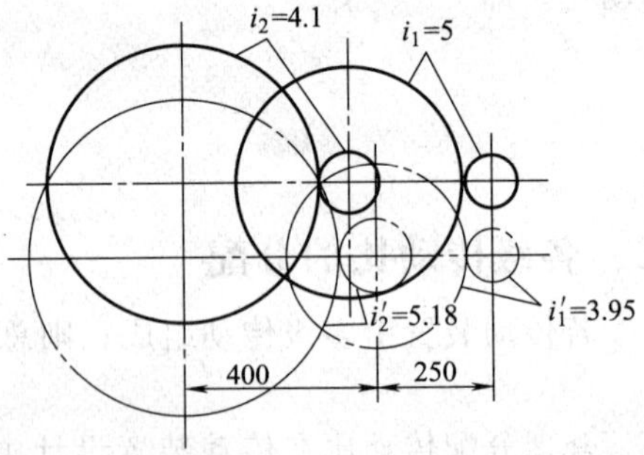

图 2-3 传动比分配不同对结构尺寸的影响

传动比计算时，要求精确到小数点后两位有效数字。

应当指出，这里各级传动比的分配数据仅是初步的，传动装置的实际传动比与选定的传动件参数（如齿轮齿数、带轮基准直径、链轮齿数等）有关，所以实际传动比与初始分配的传动比会不一致。例如初定齿轮传动的传动比 $i=3.1$，$z_1=25$，则 $z_2=i \times z_1=77.5$，取 $z_2=78$，故实际传动比为 $i=z_2/z_1=78/25=3.12$。对于一般用途的传动装置，如误差即 $\left|\dfrac{\Delta i}{i}\right|$ 在 ±5% 范围内，不必修改；若误差超

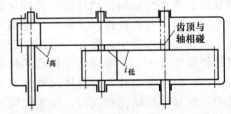

图 2-4 高速级大齿轮与低速轴相碰

过 ±5%，则要重新调整各级传动比，并对有关计算进行相应地修改。

第四节 传动装置的运动参数和动力参数的计算

传动装置的运动参数和动力参数是指各轴的转速、功率和转矩。一般按电动机到工作机之间运动传递的顺序推算出各轴的运动和动力参数。

一、各轴的功率

各轴功率的计算有两种方法：按工作机要求的电动机输出功率及传动效率计算功率；按电动机的额定功率及传动效率计算功率。

前一种方法计算的是各轴实际传递的功率，设计出的各零件尺寸紧凑，一般用于专用机械传动装置的设计；后一种方法计算出的功率要比实际功率略大一些，因而尺寸较大，但承载能力要大一些，一般用于通用机械传动装置的设计。本书采用前一种方法。则各轴的功率为：

$$P_1 = P_d \eta_{01} \tag{2-8}$$

$$P_2 = P_1 \eta_{12} = P_d \eta_{01} \eta_{12} \tag{2-9}$$

$$P_3 = P_2 \eta_{23} = P_d \eta_{01} \eta_{12} \eta_{23} \tag{2-10}$$

式中 P_d——工作机要求的电动机输出功率，kW；

P_1，P_2，P_3——Ⅰ、Ⅱ、Ⅲ轴输入功率，kW；

η_{01}，η_{12}，η_{23}——电动机轴与Ⅰ轴、Ⅰ与Ⅱ轴、Ⅱ与Ⅲ轴间的传动效率。

二、各轴的转速

$$n_1 = \frac{n_m}{i_0} \tag{2-11}$$

$$n_2 = \frac{n_1}{i_1} = \frac{n_m}{i_0 i_1} \tag{2-12}$$

$$n_3 = \frac{n_2}{i_2} = \frac{n_m}{i_0 i_1 i_2} \tag{2-13}$$

式中 n_m——电动机的满载转速，r/min；

n_1，n_2，n_3——Ⅰ、Ⅱ、Ⅲ轴转速，Ⅰ轴为高速轴，Ⅲ轴为低速轴，r/min；

i_0，i_1，i_2——由电动机至Ⅰ轴、Ⅰ轴至Ⅱ轴、Ⅱ轴至Ⅲ轴的传动比。

三、各轴的转矩

$$T_1 = T_d i_0 \eta_{01} \tag{2-14}$$

$$T_2 = T_1 i_1 \eta_{12} = T_d i_0 i_1 \eta_{01} \eta_{12} \tag{2-15}$$

$$T_3 = T_2 i_2 \eta_{23} = T_d i_0 i_1 i_2 \eta_{01} \eta_{12} \eta_{23} \tag{2-16}$$

$$T_d = 9550 \frac{P_d}{n_m} \tag{2-17}$$

式中 T_d——电动机的输出转矩，N·m；

T_1，T_2，T_3——Ⅰ、Ⅱ、Ⅲ轴的输入转矩，N·m。

以上计算得到的各轴运动和动力参数应以表格的形式整理备查。

第五节 总体方案设计示例

例 已知某带式运输机（参见图 2-5），运输带的圆周力 $F = 6000N$，运输带速度 $v = 0.5m/s$，卷筒直径 $D = 500mm$，卷筒传动效率 $\eta = 0.96$，在室内常温下长期连续工作，载荷平稳。试进行该运输机动力及传动装置的总体方案设计。

解：（1）拟订传动方案 为了确定传动方案，先粗估传动装置的总传动比：

卷筒转速为：$n_w = 60 \times 1000 v / (\pi D) = 60 \times 1000 \times 0.5 / (\pi \times 500) r/min = 19.11 r/min$

若选用同步转速为 1500r/min 或 1000r/min 的电动机，可粗估出传动装置的总传动比约为 78 或 52。根据这个传动比及工作条件可拟订出图 2-5 所示的三种传动方案。对这三种传动方案进行分析比较可知：

方案（a）的齿轮转速低，但用了带传动使传动装置的外形尺寸增大；方案（b）的齿轮

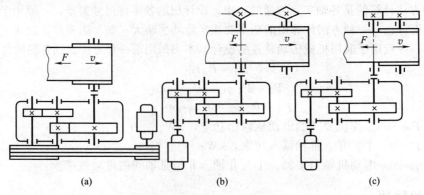

(a)   (b)   (c)

图 2-5   传动方案比较

转速高，但传动装置的外形尺寸较小；方案（c）传动装置的外形尺寸也较小，但开式齿轮的中心距较小时齿轮轴可能会与卷筒干涉。从尺寸紧凑看，选用方案（b）或（c）为好；从实现较大传动比看，选用方案（a）为好。本例因对外形尺寸无严格要求，故选用方案（a），机构布局如图 2-6 所示。

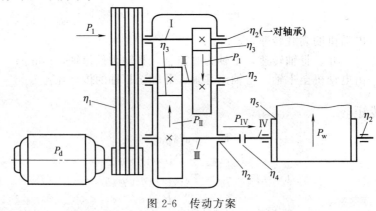

图 2-6   传动方案

（2）选择电动机

① 选择电动机的类型　按已知的工作要求和条件，选用 Y 型（IP44）全封闭笼型三相异步电动机。

② 选择电动机容量　工作机要求的电动机输出功率为：

$$P_d = \frac{P_w}{\eta}$$

其中

$$P_w = \frac{Fv}{1000\eta_w}$$

则

$$P_d = \frac{Fv}{1000\eta_w\eta}$$

由电动机至运输带的传动总效率为：

$$\eta_w\eta = \eta_1\eta_2\eta_3\eta_4\eta_5$$

式中，η_1 是带传动的效率；η_2 是轴承传动的效率；η_3 是齿轮传动的效率；η_4 是联轴器传动的效率；η_5 是卷筒传递的效率。其大小分别为 $\eta_1 = 0.96$，$\eta_2 = 0.98$，$\eta_3 = 0.97$，$\eta_4 = 0.99$，$\eta_5 = 0.96$。

则　　　　　$\eta_w\eta = \eta_1\eta_2\eta_3\eta_4\eta_5 = 0.96 \times 0.98 \times 0.97 \times 0.99 \times 0.96 = 0.79$

即
$$P_d = \frac{Fv}{1000\eta_w\eta} = \frac{6000 \times 0.5}{1000 \times 0.79}kW = 3.8kW$$

由计算结果选取电动机额定功率 $P = 4$ kW。

③ 确定电动机的转速　卷筒轴工作转速为：
$$n_w = \frac{60 \times 1000v}{\pi D} = \frac{60 \times 1000 \times 0.5}{\pi \times 500}r/min = 19.11r/min$$

根据表 2-4 推荐的常用传动比范围，初选 V 带的传动比
$$i_1 = 2 \sim 4$$
$$n_d = (i_1 i_2 \cdots i_n)n_w = (18 \sim 100) \times 19.11r/min = 343.98 \sim 1911r/min$$

由表 9-1 知，符合这一范围电动机的同步转速有 750r/min、1000r/min、1500r/min，对应有三种适用的电动机型号可供选择（电动机质量和参考价格可查阅其他有关参考资料），如表 2-5 所示。

表 2-5　电动机参数比较

传动比方案	电动机型号	额定功率/kW	电动机转速/r·min⁻¹		电动机重量/N	参考价格/元	传动装置的传动比		
			同步转速	满载转速			总传动比	V 带传动	齿轮
1	Y160M1-8	4	750	720	1180	500	37.68	3	12.56
2	Y132M1-6	4	1000	960	730	350	50.24	2.8	17.94
3	Y112M-4	4	1500	1440	470	230	75.35	3.5	21.53

综合考虑电动机和传动装置的尺寸、质量、价格和传动比，方案 2 比较合适。因此选定电动机的型号为 Y132M1-6。所选电动机的主要性能和外观尺寸见表 2-6 和表 2-7。

表 2-6　电动机（型号 Y132M1-6）的主要性能

额定功率 P_{ed}/kW	同步转速 n/r·min⁻¹	满载转速 n_m/r·min⁻¹	电动机总重/N	启动转矩/额定转矩	最大转矩/额定转矩
4	1000	960	730	2.0	2.0

表 2-7　电动机（型号 Y132M1-6）的主要外形尺寸和安装尺寸　　　　　　mm

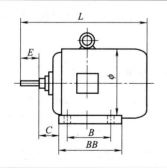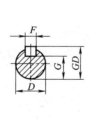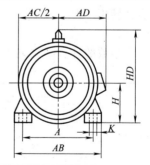

中心高 H	外形尺寸 $L \times (AC/2 + AD) \times HD$	底脚安装尺寸 $A \times B$	地脚螺栓孔直径 K	轴外伸尺寸 $D \times E$
132	515×345×315	216×178	12	38×80

（3）分配传动比

传动装置的总传动比为：
$$i = \frac{n_m}{n_w} = \frac{960}{19.11} = 50.24$$

因总传动比 $i = i_带 i_{1齿} i_{2齿}$，初取 $i_带 = 2.8$，则齿轮减速器的传动比为：
$$i_减 = \frac{i}{i_带} = \frac{50.24}{2.8} = 17.94$$

按展开式布置，取

$$i_{1齿}=1.2i_{2齿}，可算出 i_{2齿}=\sqrt{\frac{i_{减}}{1.2}}=3.9，则 i_{1齿}=\frac{17.94}{3.9}=4.6$$

（4）计算运动和动力参数

① 各轴的功率：

Ⅰ轴的输入功率　$P_1=P_d\eta_{01}=P_d\eta_1=3.8\text{kW}\times0.96=3.65\text{kW}（\eta_{01}=\eta_1）$

Ⅱ轴的输入功率　$P_2=P_1\eta_{12}=P_1\eta_2\eta_3=3.65\text{kW}\times0.98\times0.97=3.47\text{kW}（\eta_{12}=\eta_2\eta_3）$

Ⅲ轴的输入功率　$P_3=P_2\eta_{23}=P_2\eta_2\eta_3=3.47\text{kW}\times0.98\times0.97=3.30\text{kW}（\eta_{23}=\eta_2\eta_3）$

Ⅳ轴的输入功率　$P_4=P_3\eta_{34}=P_3\eta_2\eta_4=3.30\text{kW}\times0.98\times0.99=3.20\text{kW}（\eta_{34}=\eta_2\eta_4）$

② 各轴的转速：

Ⅰ轴的转速　$n_1=\dfrac{n_m}{i_带}=\dfrac{960}{2.8}\text{r/min}=342.86\text{r/min}$

Ⅱ轴的转速　$n_2=\dfrac{n_1}{i_{1齿}}=\dfrac{342.86}{4.6}\text{r/min}=74.53\text{r/min}$

Ⅲ轴的转速　$n_3=\dfrac{n_2}{i_{2齿}}=\dfrac{74.53}{3.9}\text{r/min}=19.11\text{r/min}$

Ⅳ轴的转速　$n_4=n_3=19.11\text{r/min}$

③ 各轴的转矩：

电动机输出转矩　$T_d=9550\dfrac{P_d}{n_m}=9550\times\dfrac{3.8}{960}\text{N}\cdot\text{m}=37.80\text{N}\cdot\text{m}$

Ⅰ轴的输入转矩　$T_1=T_di_0\eta_{01}=T_di_带\eta_1=37.80\text{N}\cdot\text{m}\times2.8\times0.96=101.61\text{N}\cdot\text{m}$
$(i_0=i_带,\eta_{01}=\eta_1)$

Ⅱ轴的输入转矩　$T_2=T_1i_1\eta_{12}=T_1i_{1齿}\eta_2\eta_3=101.61\text{N}\cdot\text{m}\times4.6\times0.98\times0.97=$
$444.32\text{N}\cdot\text{m}(i_1=i_{1齿},\eta_{12}=\eta_2\eta_3)$

Ⅲ轴的输入转矩　$T_3=T_2i_2\eta_{23}=T_2i_{2齿}\eta_2\eta_3=444.32\text{N}\cdot\text{m}\times3.9\times0.98\times0.97=$
$1647.24\text{N}\cdot\text{m}(i_2=i_{2齿},\eta_{23}=\eta_2\eta_3)$

Ⅳ轴的输入转矩　$T_4=T_3\eta_{34}=T_3\eta_2\eta_4=1647.24\text{N}\cdot\text{m}\times0.98\times0.99=1598.16\text{N}\cdot\text{m}$
$(\eta_{34}=\eta_2\eta_4)$

运动和动力参数的计算结果列于表 2-8。

表 2-8　运动和动力参数的计算结果

参数 ＼ 轴名	电动机轴	Ⅰ轴	Ⅱ轴	Ⅲ轴	Ⅳ轴
转速 $n/\text{r}\cdot\text{min}^{-1}$	960	342.86	74.53	19.11	19.11
功率 P/kW	3.8	3.65	3.47	3.30	3.20
转矩 $T/\text{N}\cdot\text{m}$	37.80	101.61	444.32	1647.24	1598.16
传动比 i	2.8		4.6	3.9	1
效率 η	0.96		0.95	0.95	0.96

第三章

传动零件的设计计算

传动装置中决定其工作性能、结构布局和尺寸大小的主要是传动零件。画装配底图前，应当先设计计算传动零件和选择联轴器，以便为装配底图的绘制创造必要的条件。各种传动件的设计计算方法和选择方法可按教材所述，本书仅介绍其设计和选择要点。

第一节 减速器传动零件的设计要点

减速器是用于原动机和工作机之间的封闭式机械传动装置，由封闭在箱体内的齿轮或蜗杆传动所组成，主要用来降低转速、增大转矩或改变转动方向。目前许多减速器已经标准化和规格化，且由专门化生产厂制造，使用者可根据具体的工作条件进行选择。课程设计中的减速器设计一般是根据给定的设计条件和要求，参考已有资料进行非标准化设计。

进行减速器装配工作图的设计前，必须先进行传动件的设计计算，因为传动件的尺寸直接决定了传动装置的工作性能和结构尺寸。然后再进行轴的初步设计。

传动件包括减速器内、外传动件两部分。课程设计时，为使所设计减速器的原始条件比较准确，则应先设计减速器外传动件，再设计减速器内传动件。具体设计方法可按机械设计课程教材的有关内容进行。这里只讨论应注意的事项。

一、减速器外传动零件的设计要点

1. 带传动

（1）设计计算需确定的内容主要是：带传动的型号、长度和根数；中心距、安装要求（初拉力、张紧装置）、对轴的作用力；带轮直径、材料、结构尺寸和加工要求等。有些结构细部尺寸（例如轮毂、轮辐、斜度、圆角等）不需要在装配图设计前确定，可以留待画装配图时再定。

（2）设计时应注意检查带轮尺寸与传动装置外廓尺寸的相互关系。例如装在电动机轴的小带轮外圆半径是否大于电动机中心高，带轮的轴孔直径和长度是否与电动机的轴径和长度相对应（如图 3-1 中带轮的 D_e 和 B 均过大），大带轮外圆半径是否过大而造成带轮与机座相碰等（如图 3-2）。

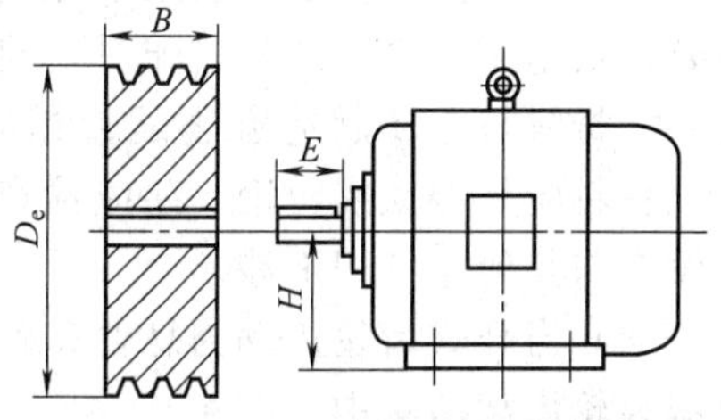

图 3-1 带轮尺寸与电动机尺寸不协调

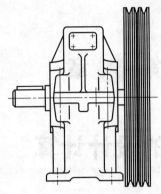

图 3-2　带轮外圆半径过大与机座相碰

（3）带轮的结构形式主要由带轮直径大小而定。其具体结构及尺寸可查第八章，并画出结构草图，标明主要尺寸备用。应注意大带轮轴孔直径和长度（如图 3-3 中 d 和 l）与减速器输入轴轴伸尺寸的关系。带轮轮毂长度，与带轮轮缘宽度 B 不一定相同。一般轮毂长度 l 按轴孔直径 d 的大小确定，常取 $(1.5 \sim 2)d$，而轮缘宽度 B 则取决于带的型号和根数。

（4）由带轮直径及带传动的滑动率计算实际传动比和从动带轮的转速，并以此修正设计减速器所要求的传动比和输入转矩。

（5）应计算出初拉力以便安装时检查张紧要求及考虑张紧方式。

（6）带的根数一般不超过 5～6 根，太多时电动机和减速器轴的悬臂较大，变形后每根带的受力不均匀。

2. 链传动

一般常用滚子链传动。

（1）设计计算的主要内容是：根据工作要求选出链条的型号（链节距）、排数和链节数；确定传动参数和尺寸（中心距、链轮齿数等）；设计链轮（材料、尺寸和结构）；确定润滑方式、张紧装置和维护要求等。

（2）与前述带传动设计中应注意的问题类似，应检查链轮直径尺寸、轴孔尺寸、轮毂尺寸等是否与减速器、工作机协调；应由所选链轮齿数计算实际传动比，并考虑是否需要修正减速器所要求的传动比。记录选定的润滑方式和润滑剂牌号以备查用。

（3）设计时还应注意：当选用的单排链尺寸过大时，应改双排或多排链，以尽量减小节距；大小链轮齿数最好为奇数或不能为链节数整除的数，链节数最好为偶数；滚子链轮端面齿形已经标准化，有专门的刀具加工，因此画链轮结构图时不必画出端面齿形图。轴面齿形则应按标准确定尺寸并在图中注明。

3. 开式齿轮传动

（1）设计计算的主要内容是：选择材料，确定齿轮传动的参数（中心距、齿数、模数、螺旋角、变位系数和齿宽等）、齿轮的其他几何尺寸及其结构。

（2）开式齿轮一般只需计算轮齿弯曲强度，考虑齿面磨损，应将强度计算求得的模数加大 10%～20%；如果是进行轮齿弯曲强度校验计算，则应将模数减小 10%～20%。

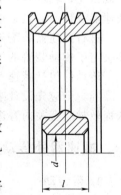

图 3-3　大带轮轴孔

（3）开式齿轮传动一般用于低速，为使支承结构简单，常采用直齿。由于润滑和密封条件差、灰尘大，要注意材料配对，使轮齿具有较好的减磨和耐磨性能；应注意检查大齿轮的尺寸、材料与毛坯制造方法是否相应。例如齿轮直径超过 500mm 时，一般应采用铸造毛坯，材料应是铸铁或铸钢。还应检查齿轮尺寸与传动装置总体尺寸及工作机尺寸是否相称，有没有与其他零件相干涉。

（4）当开式齿轮传动为悬臂布置时，其轴的支承刚度较小，因此齿宽系数应取小一些，以减轻轮齿载荷集中。

（5）开式齿轮传动的尺寸确定之后，要按大、小齿轮的齿数计算实际传动比，并考虑是否需要修改传动装置中减速器的传动比。

二、减速器内传动零件的设计要点

1. 圆柱齿轮传动

（1）所选齿轮材料应考虑与毛坯制造方法协调，并检查是否与齿轮尺寸大小适应。例如：当齿轮直径 $d \leqslant 500$mm 时，一般选用锻造毛坯，其材料应为锻钢；当 $d > 500$mm 时，由于受锻造设备能力的限制，多用铸造毛坯，应选铸钢、铸铁材料，或用焊接齿轮。小齿轮根圆直径与轴径接近时，齿轮与轴制成一体（齿轮轴），因此，所选材料应兼顾轴的要求。同一减速器中的各级小齿轮（或大齿轮）的材料应尽可能一致，以减少材料品种和简化工艺要求。

（2）锻钢齿轮分软齿面（$\leqslant 350$HBS）和硬齿面（> 350HBS）两种，应按工作条件和尺寸要求来选择齿面硬度。

（3）齿轮强度计算公式中载荷和几何参数是用小齿轮输出转矩 T_0 和直径 d_1（或 mz_1）表示的，因此不论强度计算是针对小齿轮还是大齿轮（即许用应力或齿形系数不论是用哪个齿轮的数值），公式中的转矩、齿轮直径或齿数，都应是小齿轮的数值。

（4）根据 $\phi_0 = b/d_0$ 计算得到的齿宽 b 应作为大齿轮的齿宽。考虑到装配后两啮合齿轮可能产生的轴向位置误差，为了便于装配及保证全齿宽接触，应使小齿轮齿宽大于大齿轮齿宽。因此，取大齿轮齿宽 $b_2 = b$，而取小齿轮齿宽 $b_1 = b_2 + (5 \sim 10)$mm，齿宽数值应圆整。

（5）应该注意：齿轮传动的几何参数和尺寸有严格的要求，应分别进行标准化、圆整或计算其精确数值。例如：模数必须取标准值，中心距、齿宽和其他结构尺寸应尽量圆整，而啮合尺寸（分度圆、齿顶圆、齿根圆的直径、螺旋角、变位系数等）则必须求出精确数值。一般长度尺寸（以 mm 为单位）应精到小数点后 $2 \sim 3$ 位，角度应准确到秒（$''$）。

（6）为了便于制造和测量，中心距应尽量圆整成为偶数、以 0 或 5 结尾的数值。对于直齿圆柱齿轮传动，可以通过调整模数 m 和齿数 z 或采用角度变位来达到；对于斜齿圆柱齿轮传动，还可以通过调整螺旋角 β 来实现中心距圆整的要求。

（7）齿轮的结构尺寸（如轮毂、轮辐及轮缘尺寸），如按参考资料给定的经验公式计算，都应尽量圆整，以便于制造和测量。

（8）各级大小齿轮几何尺寸和参数的计算结果应及时整理并列表（表 3-1），同时画出草图，以备装配底图设计时使用（后续各传动零件的计算结果均应仿此整理列表）。

表 3-1　圆柱齿轮传动参数

名称	代号	单位	小齿轮	大齿轮
中心距	a	mm		
传动比	i			
模数	m	mm		
螺旋角	β	(°)		
端面压力角	α_t	(°)		
啮合角	α_t'	(°)		
分度圆分离系数	y			
总变位系数	$x_{n\Sigma}$			
齿顶高变动系数	σ			
变位系数	x_n			
齿数	z			

名称	代号	单位	小齿轮	大齿轮
分度圆直径	d	mm		
齿顶圆直径	d_a	mm		
齿根圆直径	d_f	mm		
齿宽	b	mm		
螺旋角方向				
材料及齿面硬度				

2. 圆锥齿轮传动

除参看圆柱齿轮传动的各设计要点外，还需注意：

（1）圆锥齿轮以大端模数为标准。锥齿轮的锥距 R、分度圆直径 d 等几何尺寸，都应按大端模数和齿数精确计算至小数点后三位，不能圆整。

（2）两轴交角为 90°时，节锥角 δ_1 和 δ_2 可以由 $\delta_1 = \arctan\dfrac{z_1}{z_2}$，$\delta_2 = 90° - \delta_1$ 算出，其中小锥齿轮齿数一般取 $z_1 = 17 \sim 25$。δ 值的计算应精确到秒（"）。

（3）锥齿轮的齿宽按齿宽系数 $\phi_R = b/R$ 求得并圆整。大、小圆锥齿轮的齿宽应相等。

3. 蜗杆传动

（1）蜗杆传动的工作特点是滑动速度大，因此要求蜗杆副材料有较好的跑合和耐磨损性能。不同的蜗杆副材料，适用的相对滑动速度范围不同，在选材料时要初估蜗杆副的相对滑动速度 v_0，可用下式估计：

$$v_0 = 5.2 \times 10^{-4} n_1 \sqrt[3]{T_2} \ \text{m/s} \tag{3-1}$$

式中　n_1——蜗杆转速，r/min；

　　　T_2——蜗轮轴转矩，N·m。

蜗杆传动尺寸确定后，要校验相对滑动速度和传动效率与初估值是否相符，并检查材料选择是否恰当，以及是否需要修正有关计算数据（如转矩等）。

（2）蜗杆螺旋线方向尽量取成右旋，以便于加工，此时蜗轮齿的方向也是右旋。蜗杆转动方向则由工作机转动方向的要求和蜗杆螺旋线方向来确定。

（3）模数 m 和蜗杆特性系数 q 要符合标准规定。在确定 m、q、z_2 后，计算的中心距应尽量圆整成尾数为 0 或 5（mm），为此常需将蜗杆传动制成变位传动，变位系数应为 $1 \geqslant z \geqslant -1$，如不符合，则应调整 q 值或改变蜗轮 1~2 个齿数。变位蜗杆传动只改变蜗轮的几何尺寸，而蜗杆几何尺寸保持不变。

（4）蜗杆的强度及刚度验算、蜗杆传动热平衡计算都应在装配底图设计中确定蜗杆支点距离和箱体轮廓尺寸后进行。

（5）若根据传动装置的总体要求可以任意选定蜗杆上置或下置时，可根据可蜗杆分度圆圆周速度 v_2，决定蜗杆上置还是下置，当 $v_1 \leqslant 4 \sim 5$m/s 时，一般将蜗杆下置；当 $v_1 > 4 \sim 5$m/s 时，将蜗杆上置。

第二节　联轴器的选择要点

减速器常通过联轴器与电动机轴、工作机轴相连接。联轴器的选择包括联轴器类型和尺寸（型号）等的选择。联轴器除连接两轴并传递转矩外，有些还具有补偿两轴因制造和安装误差造成的轴线偏移的功能，以及具有缓冲、吸振、安全保护等功能。因此要根据传动装置工作要求来合理选定联轴器。

连接电动机轴与减速器高速轴的联轴器，由于轴的转速较高，为减小启动载荷、缓和冲击，应选用具有较小转动，具有缓冲、吸振作用的弹性联轴器，一般选用弹性可移式联轴器，例如弹性套柱销联轴器、弹性柱销联轴器等。连接减速器低速轴（输出轴）与工作机轴的联轴器，由于轴的转速较低，不必要求具有较小的转动惯量，但传递的转矩较大，又因为减速器与工作机常不在同一底座上，两轴之间往往有较大的轴线偏移，因此常选用刚性可移式联轴器，如滚子链联轴器、齿式联轴器等。对于中、小型减速器，其输出轴与工作机轴的轴线偏移量不大时，也可选用弹性柱销联轴器这类弹性可移式联轴器。

联轴器型号按计算转矩进行选择。所选定的联轴器，其轴孔直径的范围应与被连接两轴的直径大小相适应。应注意减速器高速轴外伸段轴径与电动机的轴径不得相差很大，否则难以选择合适的联轴器。电动机选定后，其轴径是一定的，应注意调整减速器高速轴外伸段的直径。

第 四 章

减速器装配工作图设计

减速器装配图是用来表达减速器的整体结构、轮廓形状、各零件间的相互关系以及尺寸的图纸。它是绘制零件工作图、部件组装、调试及维护等的技术依据。因此，设计通常从绘制装配图入手。装配图的设计和绘制是设计过程的重要环节，必须综合考虑工作要求、材料、强度、刚度、加工、装拆、调整、润滑和使用等多方面的要求，并用足够的视图表达清楚。

由于装配图的设计所涉及的内容较多，既包括结构设计，又有校核验算，因此设计过程比较复杂，往往要边计算、边画图、边修改直至最后完成装配工作图。减速器装配工作图的设计过程一般有以下几个阶段：

(1) 装配图设计的准备。

(2) 绘制装配图（底图）草图及进行轴系零件的设计计算（第一阶段）。

(3) 减速器轴系部件的结构设计（第二阶段）。

(4) 减速器箱体和附件的设计（第三阶段）。

(5) 完成装配工作图（第四阶段）。

在装配图的设计过程中，各个阶段不是绝对分开的，常常会有交叉和反复。在进行后续设计时，可能会对前面已完成的设计作必要的修改，有时修改量可能会很大，我们应有足够的思想准备。

第一节 装配图设计前的技术准备

设计工作是一种优化创新性劳动，创新的前提之一是：首先应分析论证前人已有的设计，取其精华，弃其糟粕，为优化创新做好技术准备。具体到减速器装配图的设计：应先熟悉有关资料；了解减速器结构；汇总有关数据；初定有关结构等。

一、了解减速器结构

1. 减速器的组成

减速器的基本结构由传动零件（齿轮或蜗杆、蜗轮等）、轴和轴承、箱体、润滑和密封装置及减速器附件等组成。根据不同要求和类型，减速器有多种结构形式。

图 4-1 为一普通单级直齿圆柱齿轮减速器。图中，箱体为剖分式结构，其剖分面通过齿

轮传动的轴线，箱盖和箱座由两个圆锥销精确定位，并用一定数量的螺栓连成一体。这样，齿轮、轴、滚动轴承等可在箱体外装配成轴系部件后再装入箱体，使装拆方便。起盖螺钉的作用是便于由箱座上揭开箱盖，吊环螺钉是用于提升箱盖，而整台减速器的提升则应使用与箱座铸成一体的吊钩。减速器用地脚螺栓固定在机架或地基上。

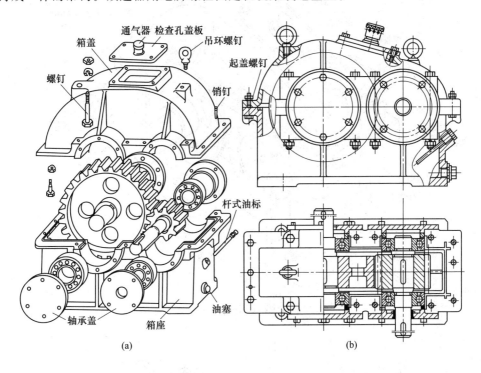

图 4-1　单级直齿圆柱齿轮减速器的组成

轴承盖用来封闭轴承室和固定轴承、轴组机件相对于箱体的轴向位置。

该减速器齿轮传动采用油池浸油润滑，滚动轴承利用齿轮旋转溅起的油雾以及飞溅到箱盖内壁上的油液汇集到箱体接合面上的油沟中，经油沟再导入轴承室进行润滑。箱盖顶部所开检查孔用于检查齿轮啮合情况及向箱内注油，平时用盖板封住。箱座下部设有排油孔，平时用油塞封住，需要更换润滑油时，可拧去油塞排油。杆式油标用来检查箱内油面的高低。为防止润滑油渗漏和箱外杂质侵入，减速器在轴的伸出处、箱体结合面处以及轴承盖、检查孔盖、油塞与箱体的接合面处均采取密封措施。通气器用来及时排放箱体内因发热温升而膨胀的空气。

2. 常见的减速器整体结构类型

减速器结构因其用途不同而异，常见的减速器整体结构类型有：

（1）单级直齿圆柱齿轮减速器（图 4-2）。

（2）二级圆柱齿轮减速器（图 4-3）。

（3）圆锥-圆柱齿轮减速器（图 4-4）。

（4）蜗杆减速器（图 4-5）。

二、减速器的箱体

减速器箱体是用以支持和固定轴系零件，保证传动件的啮合精度、良好润滑和密封的重要零件。箱体质量约占减速器总质量的 50%。因此，箱体结构对减速器的工作性能、加工工

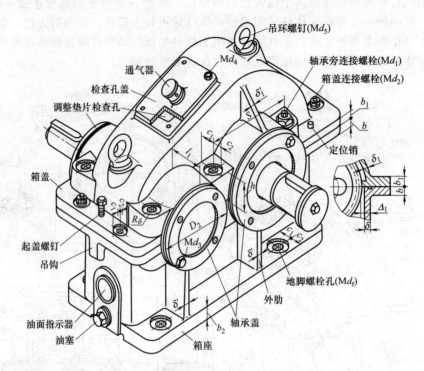

图 4-2 单级直齿圆柱齿轮减速器立体图

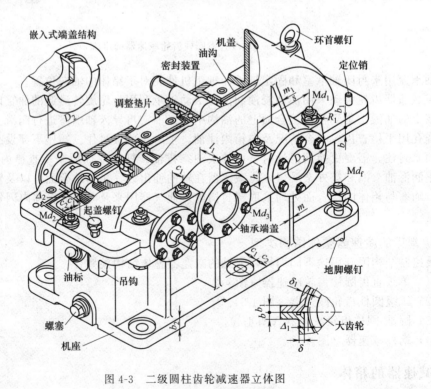

图 4-3 二级圆柱齿轮减速器立体图

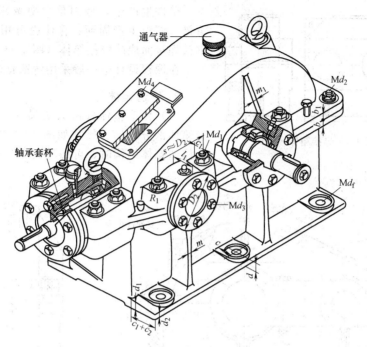

图 4-4　圆锥-圆柱齿轮减速器

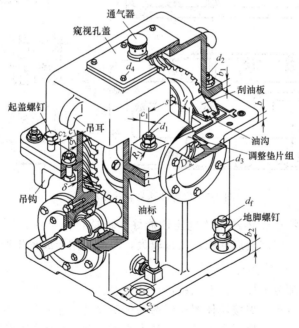

图 4-5　蜗杆减速器

艺、材料消耗、质量及成本等有很大的影响，设计时必须全面考虑。

1. 减速器箱体的结构形式

　　减速器箱体按结构形状可分为剖分式和整体式；按毛坯制造工艺和材料种类可以分为铸造箱体，如图 4-2～图 4-5 所示减速器的箱体均采用了铸造箱体。铸造箱体材料一般多用铸铁（HT150、HT120）。

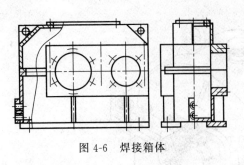

图 4-6　焊接箱体

单件生产中，特别是大型减速器，为了减轻重量或缩短生产周期，箱体也可用 Q215 或 Q235 钢板焊接而成的焊接箱体（图 4-6）。

在课程设计中一般采用铸造箱体。

2. 铸造箱体

（1）铸造箱体各部分的尺寸　齿轮减速器铸造箱体部分结构、尺寸如图 4-7、图 4-8 所示。设计铸造箱体结构时，可参考表 4-1 和表 4-2 确定箱体各部分的尺寸。

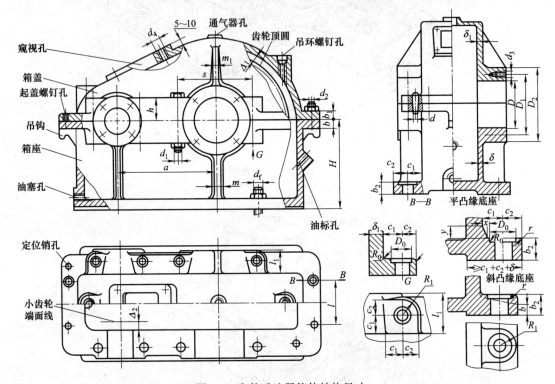

图 4-7　齿轮减速器箱体结构尺寸

（2）铸造箱体的特点　铸造箱体抗压性能好，较易获得合理和复杂的结构形状，刚度好，易进行切削加工；但制造周期长，质量较大，因而多用于成批生产。

3. 焊接箱体

（1）焊接箱体各部分的尺寸　参见机械设计手册。

（2）焊接箱体的特点　焊接箱体图比铸造箱体壁厚薄，重量轻，生产周期短 1/4～1/2。但焊接中容易产生热变形。故要求有较高的技术水平，并且在焊接后需进行退火处理，生产周期短，多用于单件、小批生产。其轴承座部分可用圆钢、锻钢或铸钢制造。焊接箱体的壁厚可以比铸造箱体减薄 20%～30%，但焊接时易产生热变形，要求较高的焊接技术及焊后作退火处理。

三、减速器的附加装置

为了保证减速器的正常工作，减速器箱体上通常设置一些附加装置或零件，以便于减速器的注油、排油、通气、吊运、检查油面高度、检查传动件啮合情况、保证加工精度和装拆方便等。减速器附件的名称和作用详见表 8-7～表 8-20。

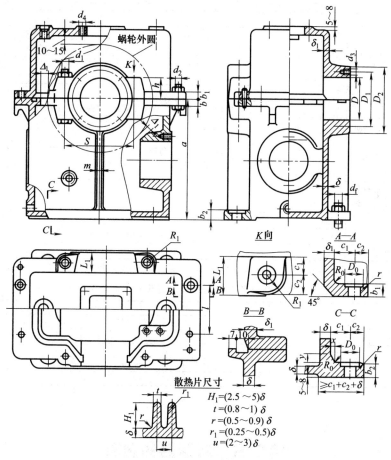

图 4-8　蜗杆减速器箱体结构尺寸

表 4-1　箱体各部分的尺寸

名称	符号	减速器形式、尺寸关系/mm		
		齿轮减速器	锥齿轮减速器	蜗杆减速器
箱盖壁厚	δ_1	一级　$0.02a+1\geq8$ 二级　$0.02a+3\geq8$ 三级　$0.02a+5\geq8$	$0.01(d_{1m}+d_{2m})+1\geq8$ 或 $0.0085(d_1+d_2)+1\geq8$	蜗杆在上：$\approx\delta$ 蜗杆在下：= $0.85\delta\geq8$
箱盖凸缘厚度	b_1	$1.5\delta_1$		
箱座凸缘厚度	b	1.5δ		
箱座底凸缘厚度	b_2	2.5δ		
地脚螺钉直径	d_f	$0.036a+12$	$0.018(d_{1m}+d_{2m})+1\geq12$ 或 $0.015(d_1+d_2)+1\geq12$	$0.036a+12$
地脚螺钉数目	n	$a\leq250$ 时，$n=4$ $a>250\sim500$ 时，$n=6$ $a>500$ 时，$n=8$	$n=\dfrac{底凸缘周长之半}{200\sim300}\geq4$	
轴承旁连接螺栓直径	d_1	$0.75d_f$		
盖与座连接螺栓直径	d_2	$(0.5\sim0.6)d_f$		
连接螺栓 d_2 的间距	l	$150\sim200$		
轴承端盖螺钉直径	d_3	$(0.4\sim0.5)d_f$		
检查孔盖螺钉直径	d_4	$(0.3\sim0.4)d_f$		

续表

名称	符号	减速器形式、尺寸关系/mm		
		齿轮减速器	锥齿轮减速器	蜗杆减速器
定位销直径	d	$(0.7\sim0.8)d_2$		
d_f、d_1、d_2 至外箱壁距离	c_1	见表 4-2		
d_f、d_2 至凸缘边缘距离	c_2	见表 4-2		
轴承旁凸台半径	R_1	c_2		
凸台高度	h	根据低速级轴承座外径确定，以便于扳手操作为准		
外箱壁至轴承座端面的距离	l_1	$c_1+c_2+(5\sim10)$		
齿轮顶圆（蜗轮外圆）与内箱壁间的距离	Δ_1	$>1.2\delta$		
齿轮（锥齿轮或蜗轮轮毂）端面与内箱壁间的距离	Δ_2	$>\delta$		
箱盖、箱座肋厚	m_1、m	$m_1\approx0.85\delta_1$；$m\approx0.85\delta$		
轴承端盖外径	D_2	$D+(5\sim5.5)d_3$，D—轴承外径		
轴承旁连接螺栓距离	S	尽量靠近，以 Md_1 和 Md_3 互不干涉为准，一般取 $S=D_2$		

注：多级传动时，a 取低速级中心距。对圆锥-圆柱齿轮减速器，按圆柱齿轮传动中心距取值。

表 4-2 减速器凸台及凸缘螺栓的配置尺寸（图 4-4、图 4-5）　　　　　mm

螺栓直径	M6	M8	M10	M12	M14	M16	M18	M20	M22	M24	M27	M30
c_{1min}	12	14	16	18	20	22	24	26	30	34	38	40
c_{2min}	10	12	14	16	18	20	22	24	26	28	32	35
D_0	13	18	22	26	30	33	36	40	43	48	53	61
$R_{0\,max}$	5					8				10		
r_{max}	3					5				8		

第二节　减速器的润滑

1. 减速器内传动件的润滑方式及其应用

　　减速器内的传动零件和轴承都需要有良好的润滑，这不仅可以减少摩擦损失、提高传动效率，还可以防止锈蚀、降低噪声。表 4-3 列出了减速器内传动零件的润滑方式。

表 4-3　减速器内传动零件的润滑方式

润滑方式			应用说明
浸油润滑	单级圆柱齿轮减速器	当 $m<20$ 时，浸油深度 h 约为 1 个齿高，但不小于 10mm 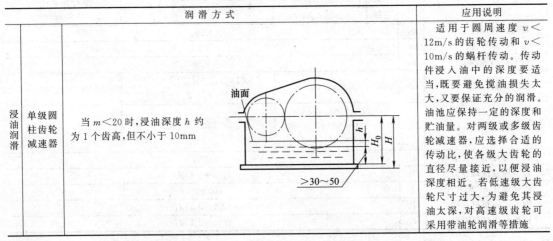	适用于圆周速度 $v<12$m/s 的齿轮传动和 $v<10$m/s 的蜗杆传动。传动件浸入油中的深度要适当，既要避免搅油损失太大，又要保证充分的润滑。油池应保持一定的深度和贮油量。对两级或多级齿轮减速器，应选择合适的传动比，使各级大齿轮的直径尽量接近，以便浸油深度相近。若低速级大齿轮尺寸过大，为避免其浸油太深，对高速级齿轮可采用带油轮润滑等措施

续表

润滑方式		应用说明
浸油润滑	**双级或多级圆柱齿轮减速器** 高速级大齿轮浸油深度 h_f 约为 0.7 倍齿高,但不小于 10mm 低速级,当 $v=0.8\sim12\mathrm{m/s}$ 时,大齿轮浸油深度 $h_s=1$ 个齿高(不小于 10mm)$\sim1/6$ 齿轮半径;当 $v=0.5\sim0.8\mathrm{m/s}$ 时,$h_s=(1/6\sim1/3)$ 齿轮半径	适用于圆周速度 $v<12\mathrm{m/s}$ 的齿轮传动和 $v<10\mathrm{m/s}$ 的蜗杆传动。传动件浸入油中的深度要适当,既要避免搅油损失太大,又要保证充分的润滑。油池应保持一定的深度和贮油量。对两级或多级齿轮减速器,应选择合适的传动比,使各级大齿轮的直径尽量接近,以便浸油深度相近。若低速级大齿轮尺寸过大,为避免其浸油太深,对高速级齿轮可采用带油轮润滑等措施
	圆锥齿轮减速器 整个大圆锥齿轮齿宽(至少半个齿宽)浸入油中	适用于圆周速度 $v<12\mathrm{m/s}$ 的齿轮传动和 $v<10\mathrm{m/s}$ 的蜗杆传动。传动件浸入油中的深度要适当,既要避免搅油损失太大,又要保证充分的润滑。油池应保持一定的深度和贮油量。对两级或多级齿轮减速器,应选择合适的传动比,使各级大齿轮的直径尽量接近,以便浸油深度相近。若低速级大齿轮尺寸过大,为避免其浸油太深,对高速级齿轮可采用带油轮润滑等措施
	蜗杆减速器 上置式:蜗轮浸油深度与低速级圆柱大齿轮的浸油深度 h_s 相同 下置式:蜗杆浸油深度 $h_1\geqslant1$ 个螺牙高,但不高于蜗杆轴轴承最低滚动体中心	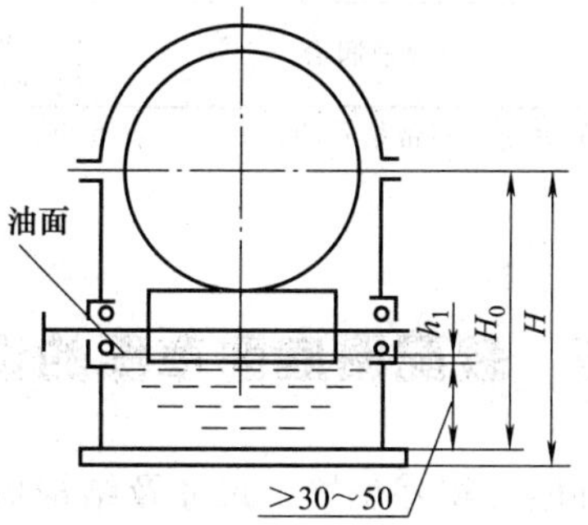
喷油润滑	利用油泵压力将润滑油从喷嘴直接喷到啮合面上。喷油润滑需要专门的供油装置,费用较高	适用于 $v>12\mathrm{m/s}$ 的齿轮传动和 $v>10\mathrm{m/s}$ 的蜗杆传动。此时因高速使粘在轮齿上的油会被甩掉而且搅油过甚,温升高,故宜用喷油润滑。也适用于速度不高,但工作条件繁重的重型或重要减速器

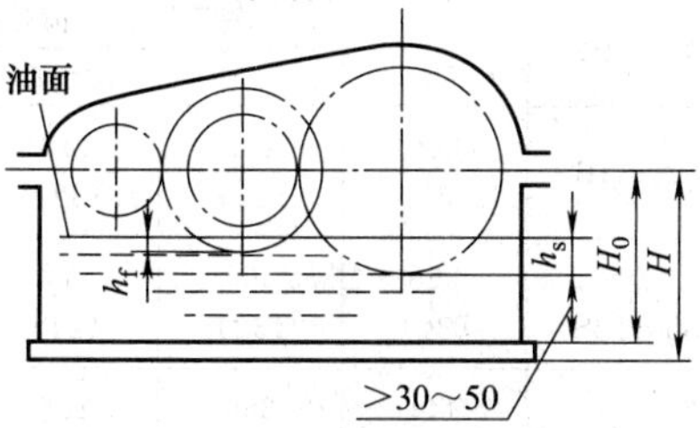

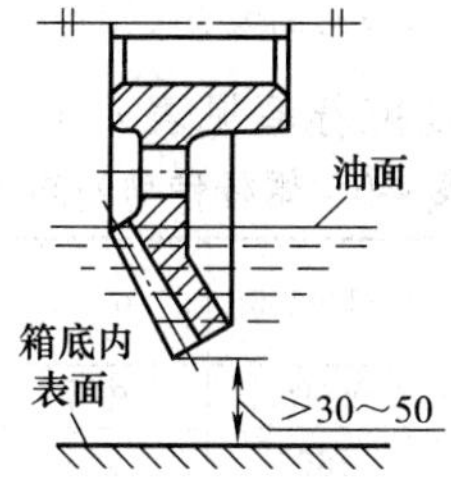

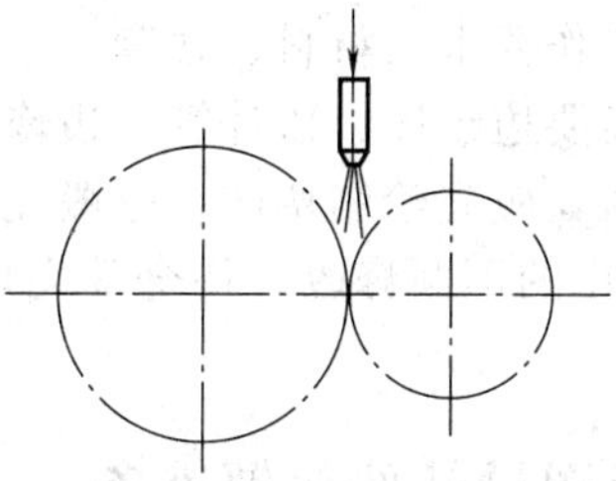

浸油润滑的换油时间一般为半年左右,主要取决于油中杂质多少及油被氧化、污染的程度。喷油润滑效果好,润滑油可以不断冷却和过滤,但需专门的管路、滤油器、冷却及油量调节装置,因而价格较高。

2. 润滑剂的选择

润滑剂的选择与传动类型、载荷性质、工作条件、转动速度等多种因素有关。一般按下述原则选择。

减速器中齿轮、蜗杆、蜗轮和轴承大都依靠箱体中的油进行润滑，这时润滑油的选择主要考虑箱内传动零件的工作条件，适当考虑轴承的工作情况。

对于闭式齿轮传动，润滑油黏度推荐值见表 4-4。

表 4-4　闭式齿轮传动的润滑油黏度推荐值　　　　　　mm^2/s

齿轮材料及热处理	齿面硬度	齿轮圆周速度 $v/(m/s)$						
		<0.5	$0.5\sim1.0$	$1.0\sim2.5$	$2.5\sim5.0$	$5.0\sim12.5$	$12.5\sim25$	>25
钢，调质	$<280HBS$	266(32)	177(21)	118(11)	82	59	44	32
	$280\sim350HBS$	266(32)	266(32)	177(21)	118(11)	82	59	44
钢，整体淬火，表面淬火或渗碳淬火	$40\sim64HRC$	444(52)	266(32)	266(32)	177(21)	118(11)	82	59
铸铁，青铜，塑料		177	118	82	59	44	32	—

注：1. 对于多级齿轮传动，应采用各级传动圆周速度的平均值选取润滑油黏度。
2. 表中括号内为 100℃时的黏度，不带括号的为 50℃时的黏度。

对于蜗杆传动，润滑油黏度推荐值见表 4-5。

表 4-5　蜗杆传动的润滑油黏度推荐值

滑动速度 $v/(m/s)$	$0\sim1$	$>1\sim2.5$	$0\sim5$	$>5\sim10$	$>10\sim15$	$>15\sim25$	>25
工作条件	重型	重型	中型	—	—	—	—
运动黏度/cSt	444(52)	266(32)	177(21)	118(11)	82	59	44
润滑方式	浸油润滑			浸油或喷油润滑	喷油压力 p/MPa		
					0.07	0.2	0.3

注：表中括号内为 100℃时的黏度，不带括号的为 50℃时的黏度。

第三节　装配图底图草图的设计（第一阶段）

装配图是反映各零件间的相互位置、尺寸及结构形状的图纸。它是绘制零件图，进行部件装配、调试及维护的技术依据，因此设计通常是从画装配图开始。但是由于这个设计过程比较复杂，必须综合考虑工作要求、材料、强度、刚度、磨损、加工、装拆、调整、润滑和维护等多方面因素，常常需要边绘图、边计算、边修改。因此为了获取最合理的结构和表达最规范的图纸，初次设计时，应先绘制草图。一般先用细线绘制装配草图（或在方格图纸上绘制草图），经过设计过程中的不断修改，待全部完成并经检查、审查后再加深（或重新绘制正式装配图）。

一、进行装配图底图草图设计的前期准备

1. 减速器的内部布局

减速器的内部布局表达了传动件结构、轴系结构、轴承类型、轴承组合结构、轴承端盖结构（凸缘式或嵌入式）、箱体（剖分式或整体式）及其附件结构、润滑和密封方案。

在进行减速器装配图底图设计之前，必要的感性与理性知识是不可或缺的。首先应做减速器实验，观看减速器的结构及加工工艺录像，其次仔细阅读有关资料和本书的第八章装配图图例。读懂减速器内部由哪些零件组成，各零件的作用，各零件的定位方式，各零件间的

装配关系；传动件润滑方式，轴承润滑、密封、调整方法；箱体结构形式、轴承端盖结构形式等，做到对设计内容心中有数。

2. 初定有关结构

在了解减速器结构和内部布局的基础上，针对设计题目，还应完成以下工作，为装配图底图设计作准备。

（1）检查汇总已确定的传动系统运动简图和电动机、传动件、联轴器的型号、规格、尺寸及参数等；

（2）初选轴承类型（具体型号暂不确定），初定轴承润滑及密封方案、轴承的固定形式及轴承端盖形式（凸缘式或嵌入式）；

（3）初定传动件结构和润滑方式、传动轴和轴系的大体结构；

（4）初定箱体结构（整体式或剖分式）及其附件结构；

（5）注意各零件的材料、加工和装配方法；

（6）按表 4-1 逐项计算有关尺寸，并列表备用。

上述"初定"结构的工作可采用勾画草图（不一定按比例）方式。

二、装配图底图设计的第一阶段

减速器装配工作图的设计分四个阶段，绘制装配图底图是第一阶段。其任务是通过按比例绘图来拟订减速器的主要结构，进行视图的合理布置，更重要的是进行轴的结构设计，确定轴承的位置和型号，找出轴承支点和轴上所受各力的作用点，从而对轴、轴承及键等零件进行验算。

传动零件、轴和轴承是减速器的主要零件，其他零件的结构和尺寸随着这些零件而定。

绘制装配底图时，要先画主要零件，后画次要零件；由箱内零件画起，逐步向外画；先画传动零件的中心线和轮廓线，细部结构暂不画，留待后面几个阶段逐步完善。

在设计零件工作图前，装配工作图四个阶段的绘制先不加深，用细实线画，因零件工作图设计可能会修改装配工作图中的局部结构或尺寸。本节介绍第一阶段的内容。

1. 视图选择和图面布置

课程设计中的减速器装配图应采用 A0 或 A1 图纸绘制，应尽量优先采用 1:1 或 1:2 的比例尺，以增强真实感。减速器装配图通常采用三个视图并加以必要的局部视图来表达。绘制装配图时，应根据传动装置的运动简图和计算得到的减速器内部传动件的直径、中心距，参考同类减速器图例（第八章中图例和其他参考手册），估计减速器的外形尺寸，合理布置三个主要视图。具体绘制时，应尽量把减速器的工作原理和主要装配关系集中表达在一个基本视图上，对于齿轮减速器，尽量集中在俯视图上；对于蜗杆减速器，则可在主视图上表示。装配图上避免用虚线表示零件结构，必须表达的内部结构（如附件内部结构）可采用局剖视图或局部视图表达。同时，还要考虑标题栏、明细表、技术要求和尺寸标注等所需的图面位置。图面布置的一般形式可参考图 4-9。

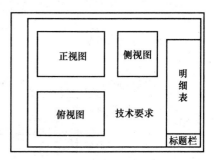

图 4-9　图面布置

做好上述准备工作后，即可开始绘图。绘制装配图时应采用国标规定的画法和简化画法，具体的画法可参见《机械制图》教材或相关的手册资料。

2. 确定箱体内传动件轮廓及相互位置

（1）圆柱齿轮减速器

① 画出齿轮位置和箱体内壁线。在主视图和俯视图位置画出齿轮的中心线，再根据齿轮直径和齿宽绘出齿轮轮廓位置，参见图4-10和图4-11。为保证全齿宽接触，通常使小齿轮较大齿轮宽5～10mm。输入与输出轴上的齿轮最好布置在远离外伸轴端的位置，以使齿面受载较均匀。

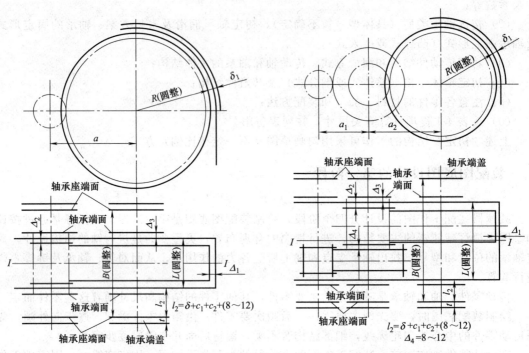

图4-10　一级圆柱齿轮减速器装配底图
设计第一阶段

图4-11　二级圆柱齿轮减速器
装配底图设计第一阶段

② 按表4-6的荐用值确定各零件之间的位置，并绘出箱体内壁线。

表4-6　减速器零件的位置尺寸　　　　　　　　　　　　　mm

代号	名称	荐用值	代号	名称	荐用值
Δ_1	齿轮顶圆至箱体内壁的距离	$\geqslant 1.2\delta$，δ 为箱座壁厚	Δ_7	箱座内壁底面至箱座外壁底面的距离	$\approx(3\sim5)+\delta$
Δ_2	齿轮端面至箱体内壁的距离	$>\delta$（一般取$\geqslant10$）	H	减速器中心高	$\geqslant R_a+\Delta_6+\Delta_7$，$R_a$ 为齿顶圆半径
Δ_3	轴承端面至箱体内壁的距离；轴承用脂润滑时轴承用油润滑时	$8\sim12$ $3\sim15$（或$10\sim15$）	l_2	箱体内壁至轴承座孔端面的距离	$=\delta+c_1+c_2+(8\sim12)$
Δ_4	旋转零件间的轴向距离	$8\sim12$	t	轴承端盖凸缘厚度	
Δ_5	齿轮顶圆至轴表面的距离	$\geqslant10$	L	箱体内壁轴向距离	
Δ_6	大齿轮顶圆至箱座内壁底面的距离	$>30\sim50$	B	箱体轴承座孔端面间的距离	

为避免因箱体铸造误差造成齿轮与箱体间的距离过小甚至齿轮与箱体相碰，大齿轮齿顶圆、齿轮端面至箱体内壁之间应分别留有适当距离 Δ_1、Δ_2，由此可绘出箱体内壁线。注意：高速级小齿轮一侧的箱体内壁线，还需考虑其他条件才能确定，故暂不画出。

在设计两级展开式齿轮减速器时，还应注意使两个大齿轮端面之间留有一定的距离 Δ_4；并使中间轴上的大齿轮顶圆与输出轴表面之间保持一定距离 $\Delta_5 \geqslant 10\text{mm}$，防止出现干涉现象。如不能保证，则应调整齿轮传动的参数。箱体内壁之间的距离 L 需圆整。画出箱体内壁线后即可画出箱体对称线。

③ 根据箱体壁厚 δ_1 在主视图上绘出箱体外壁位置。

（2）**画出轴承位置及其轮廓尺寸**　确定箱体内壁线到轴承内侧端面之间的距离，分为油润滑和脂润滑两种情况。脂润滑时，为防止轴承中的润滑脂被箱内齿轮啮合时挤出的油冲刷、稀释而流失，需设置封油盘。

油润滑时，为防止齿轮啮合所挤出的油冲向轴承内部，常设置挡油盘。对于车制的挡油盘，此距离应取 $10 \sim 15\text{mm}$；对于冲压的挡油盘，可取 $3 \sim 5\text{mm}$；轴承宽度待选定型号后再画出。

（3）**确定箱体轴承座孔端面位置**　根据箱体壁厚 δ 和由表 4-2 确定的轴承旁连接螺栓的位置尺寸 c_1、c_2，按表 4-6 初步确定轴承座孔的长度，可画出箱体轴承座孔外端面线（箱体内壁至轴承座孔外端面距离 l_2 与 c_1、c_2 的关系如图 4-12 所示）。另外，左右两侧的轴承座端面之间的距离 B 应进行圆整。

另外，利用表 4-6 中 Δ_6、Δ_7、H 荐用值还可在主视图中画出箱体内壁底面位置和箱体外壁底面位置。

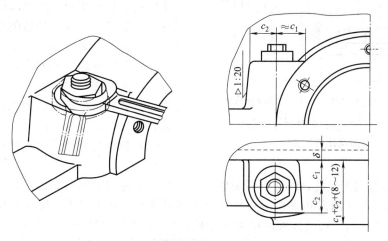

图 4-12　箱体轴承座孔处的轴向尺寸

3. 圆锥齿轮减速器

圆锥齿轮减速器装配底图的绘图步骤与圆柱齿轮减速器大体相同，绘图前应认真阅读上述有关绘制圆柱齿轮减速器的部分。有关圆锥齿轮减速器和圆锥-圆柱齿轮减速器的结构尺寸，可参考图 4-2 和表 4-1。图 4-13 为本阶段设计的具体顺序和图形。绘图时，还应注意以下要点。

① 在相应的视图位置上，画出传动件的中心线，并根据计算所得几何尺寸数据画出圆锥齿轮的轮廓。在确定箱体内壁与大锥齿轮轮毂端面距离 Δ_2（见表 4-6）时，需要初估大圆锥齿轮的轮毂宽度 h，可取 $h \approx (1.5 \sim 1.8)e$，$e$ 由作图确定。待轴径确定后，必要时对 h 值再作调整。然后按表 4-6 推荐的 Δ_2 值（小锥齿轮轮毂端面与箱体内壁间距离 $\Delta_2 = 10 \sim 15\text{ mm}$），画出

小圆锥齿轮一侧和大圆锥齿轮一侧箱体的内壁线。

② 圆锥-圆柱齿轮减速器的箱体通常设计成对称于小锥齿轮轴线的对称结构，以便于将中间轴和低速轴调头安装时可改变输出轴的位置。

因此，当大圆锥齿轮一侧箱体内壁确定后，在俯视图中以小锥齿轮轴线作为箱体宽度方向的对称中线，可对称地画出箱体另一侧内壁线。再根据箱体内壁确定小圆柱齿轮端面位置，并画出大、小圆柱齿轮的轮廓（一般使小圆柱齿轮宽度较大圆柱齿轮宽度大 5～10mm）。然后可确定箱体（包括主视图上箱盖）其他内壁位置。

在画出圆柱齿轮轮廓时，应使大圆柱齿轮端面与大圆锥齿轮之间有一定的距离 Δ_4。若间距太小，可适当加宽箱体。同时注意大圆锥齿轮顶圆与低速轴之间应保持一定距离 Δ_5（见表 4-6）。

③ 箱体轴承座外端面位置、轴承内端面位置及轴承端盖位置可参照表 4-1、表 4-6 确定。箱体上小圆锥齿轮轴轴承座外端面位置可待设计该轴系部件结构时再具体考虑。

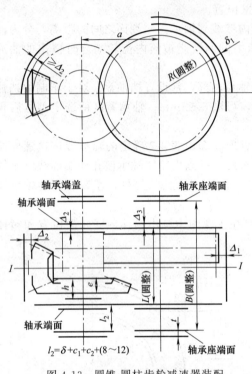

图 4-13　圆锥-圆柱齿轮减速器装配底图设计第一阶段

$l_2 = \delta + c_1 + c_2 + (8 \sim 12)$

4. 蜗杆减速器

蜗杆减速器装配底图的绘图步骤与圆柱齿轮减速器基本相同，绘图前应仔细阅读上述有关绘制圆柱齿轮减速器的部分。蜗杆减速器通常采用沿蜗轮轴线平面剖分的箱体结构，以便于蜗轮轴系的安装和调整。有关蜗杆减速器的结构尺寸可参考图 4-3 和表 4-1。这里以下置式蜗杆减速器为例，说明蜗杆减速器装配底图设计的特点。

（1）按蜗轮外圆确定箱体内壁和蜗杆轴承座位置

① 由于蜗杆与蜗轮的轴线呈空间交错，不能在一个视图中同时画出蜗杆与蜗轮轴的结构，因此绘制装配底图需在主视图和侧视图上同时进行。在主视图、侧视图位置上画出蜗杆、蜗轮的中心线后，按计算所得尺寸数据画出蜗杆和蜗轮的轮廓（见图 4-14）。再由表 4-1 和表 4-6 推荐的 Δt 和 δ_1 值，在主视图上根据蜗轮外圆尺寸确定箱体内壁和外壁位置。

② 为了提高蜗杆轴的刚度，其支承距离应尽量减小，因此蜗杆轴承座体常伸到箱体内。在主视图上取蜗杆轴承座外凸台高为 5～10mm，可定出蜗杆轴承座外端面位置（见图 4-15）。内伸轴承座的外径一般与轴承盖凸缘外径 D_2 相同（D_2 由轴承尺寸及轴承盖结构形式确定）。设计时应使轴承座内伸端部与蜗轮外圆之间保持适当距离。为使轴承座尽量内伸，可将轴承座内伸端制出斜面，如图 4-14 所示。斜面端部应有一定的厚度，一般取其厚度 $\approx$ 0.4×内伸轴承座壁厚，由此可确定轴承座内端面位置。

（2）按蜗杆轴承座尺寸确定箱体宽度及蜗轮轴承座位置　通常取箱体宽度 f 等于蜗杆轴承座外端面外径 D_2，即 $f \approx D_2$（见图 4-15），由此画出箱体宽度方向的外壁和内壁（见图 4-14）。按图中注明的取蜗轮轴承座宽度 l_1，可确定蜗轮轴承座外端面位置。

蜗轮轴的支点距离 p（图 4-15），一般由箱体宽度 f 确定 [图 4-15（a）]，$f = D_2$。也

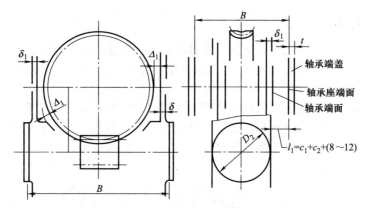

图 4-14　蜗杆减速器装配底图设计第一阶段

可采用图 4-15（b）～（d）的结构，其支点距离 p 小于前者。

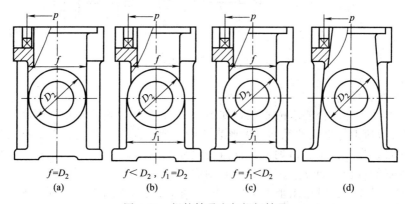

图 4-15　蜗轮轴承座与蜗杆轴承

对于整体式蜗杆减速器的箱体，其箱体内壁位置可参见图 4-16。

三、估算轴的直径

按扭转强度估算各轴的直径，即

$$d \geqslant A \sqrt[3]{\frac{P}{n}} \quad （\text{mm}）$$

式中　P——轴所传递的功率，kW；

$\quad\quad n$——轴的转速，r/min；

$\quad\quad A$——由材料的许用扭转应力所确定的系数。

利用上式估算轴径时，应注意以下几点。

（1）对于外伸轴，由上式求出的直径，为外伸轴段的最小直径；对于非外伸轴，计算时应取较大的 A 值，估算的轴径可作为安装齿轮处的直径。

（2）计算轴径处有键槽时，应适当增大轴径以补偿键槽对轴强度的削弱。

（3）外伸轴段装有联轴器时轴径应与联轴器毂孔相适应，外伸轴段用联轴器与电动机轴相连时，应注意轴的直径与电动机轴的直径不能相差太大。

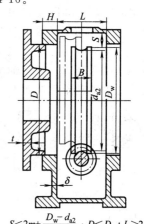

$S < 2m + \dfrac{D_w - d_{a2}}{2}$；$D < D_w$；$L > 2B$；
$t = (1.2 \sim 1.5)\delta$；$H = 2.5\delta$

图 4-16　整体式蜗杆减速器箱体结构及尺寸

四、轴的结构设计

既要满足强度的要求，也要保证轴上零件的定位、调整和装配方便，并有良好的加工工艺性，通常将轴设计成阶梯形（图 4-17）。轴的结构设计任务是合理确定阶梯轴的形状和全部结构尺寸。

阶梯轴径向尺寸的变化是根据轴上零件受力情况、安装、固定及对轴表面粗糙度、加工精度等要求而定的，轴向尺寸则根据轴上零件的位置、配合长度及支承结构确定。设计一般从高速轴开始，然后进行中间和低速轴的设计，具体工作可按下述方法进行。

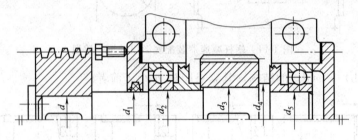

图 4-17　轴的结构设计

1. 轴的各段直径

（1）轴上有轴、孔配合要求的直径，如图 4-17 中安装齿轮、带轮（或联轴器）处的直径 d_3 和 d，一般应取标准尺寸系列（参照表 7-6）。因大批量生产时，轮毂孔常用标准直径尺寸的塞规测量，当 $d > 25$ mm 时，标准直径尺寸值应以 0、2、5、8 结尾。而安装滚动轴承及密封元件处的直径，如 d_1、d_2 及 d_5，则应与轴承及密封元件的内孔尺寸一致。

在设计轴颈尺寸的同时选出轴承型号。轴上两个支点的轴承应尽量采用相同的型号，使轴承座孔尺寸相同，以便于镗孔。

（2）相邻轴段的直径不同即形成轴肩。当轴肩用于轴上零件定位和承受轴向力时，应具有一定的高度，如图 4-17 中 d 与 d_1、d_3 与 d_4、d_4 与 d_5 之间所形成的轴肩。一般的定位轴肩，轴肩处的直径差可取 5～10mm。用作滚动轴承内圈定位时，轴肩（或套筒）直径 D 应小于轴承内圈的外径 [图 4-18（a）、（b）]，以便于拆卸轴承，如图 4-19 所示。如拆卸高度不够，可在轴肩上开出轴槽，以便于安放拆卸器（见图 4-20）。轴肩的直径可按轴承的安装尺寸要求由轴承手册查取（或见表 7-10）。

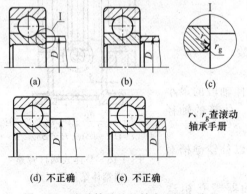

图 4-18　滚动轴承处的轴肩和圆角半径

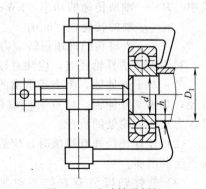

图 4-19　滚动轴承拆卸

如果两相邻轴段直径的变化是为了轴上零件装拆方便或区分加工表面，不承受轴向力或不固定轴上零件时，两直径略有差值即可，一般取 1～3mm（如图 4-17 中 d_1 与 d_2 间的变化），也可采用相同公称直径而取不同的公差数值。

（3）为了降低应力集中，轴肩处的过渡圆角 r 不宜过小。但为保证轴上零件定位可靠，轴肩处的过渡圆角半径 r 又必须小于零件毂孔的倒角 C（或圆角半径 R），如图 4-21 所示。一般配合表面处轴肩和零件孔倒角尺寸见第七章。当用轴肩固定滚动轴承时（图 4-21），过度圆角半径 r_g 应小于轴承孔的圆角半径 r，具体值见第七章。

（4）需要磨削加工的轴段常设置砂轮越程槽，如图 4-22 所示（车制螺纹的轴段应有退刀槽，螺纹退刀槽尺寸、砂轮越程槽尺寸等可参见第七章）。

注意：直径相近的轴段，其过渡圆角、越程槽、退刀槽、倒角等尺寸应一致，以便于加工。

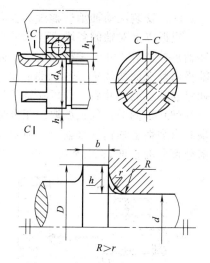

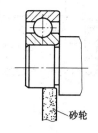

图 4-20　便于轴承拆卸的轴槽

图 4-21　轴肩圆角半径

图 4-22　轴段处的砂轮越程槽

2. 轴的各段长度

（1）对于安装齿轮、带轮、联轴器的轴段，当这些零件靠其他零件（套筒、轴端挡圈等）顶住来实现轴向固定时，该轴段的长度应略短于相配轮毂的宽度，以保证固定可靠，如图 4-17 中安装齿轮和带轮的轴段。轴的端面与零件端面留有的距离 l，一般可取 $l=1$～3mm，如图 4-23（a）和图 4-24（a）所示。因难免有制造误差，图 4-23（b）和图 4-24（b）所示就不能保证零件的轴向可靠定位。

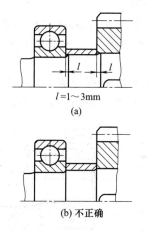

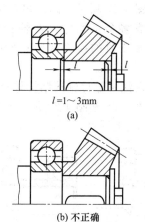

图 4-23　轮毂与轴段长度的关系

图 4-24　轴端零件的固定

（2）安装滚动轴承处轴段的轴向尺寸由轴承的位置和宽度来确定。

根据以上对轴的各段直径尺寸设计和已选的轴承类型，可初选轴承型号，查出轴承宽度和轴承外径等尺寸。一根轴上宜取同一规格的轴承，使轴承孔可一次镗出，保证加工精度。轴承内侧端面的位置（轴承端面至箱体内壁的距离 Δ_3）可按表 4-6 确定。确定了轴承位置和已知轴承的尺寸后，即可在轴承座孔内画出轴承的图形。

（3）轴的外伸段长度取决于外伸轴段上安装的传动件尺寸和轴承端盖的结构。当外伸轴端装有弹性套柱销联轴器时，则必须留有足够的装配尺寸，如图 4-25 所示，轴伸出轴承端盖外部分的长度 l_B 由装拆弹性套柱销的距离 B 确定（B 值可由联轴器标准查出）。

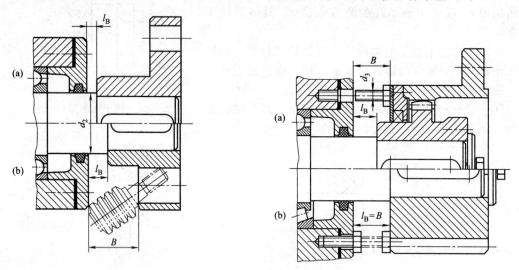

图 4-25　轴的外伸段长度 l_B

3. 轴上键槽的尺寸和位置

当采用平键连接时，键的长度应比配合轴段的长度稍短些，轴上的键槽应布置在靠近轮毂装入的一侧，如图 4-26（a）、（b）所示，以便装配时轮毂的键槽容易对准轴上的键。图 4-26（c）是不正确的结构。

键槽不要太靠近轴肩处，以避免键槽加重轴肩过渡圆角处的应力集中。采用过盈配合（s 以上）固定轴上零件时，为了便于装配，直径变化可用锥面过渡，锥面大端应在键槽直线部分。如图 4-27 所示，这时可不用增加轴向固定的套筒。

当轴上有多个键槽时，若轴径相差不大，可按直径较小的轴段取相同的键槽宽度，以减少键槽加工时的换刀次数；同时，为便于一次装夹加工，各键槽应布置在轴的同一母线上。

按上述方法可进行轴的结构设计，并在图 4-13、图 4-14 基础上完成装配图底图的第一阶段设计，图 4-28 和图 4-29 是一级和二级圆柱齿轮减速器装配底图的第一阶段设计图样。

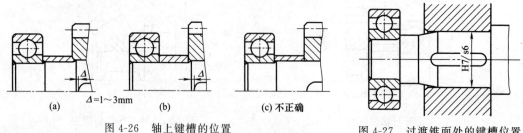

图 4-26　轴上键槽的位置　　　　　　图 4-27　过渡锥面处的键槽位置

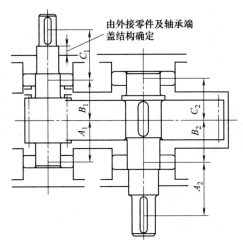

图 4-28　一级圆柱齿轮减速器装配底图设计第一阶段

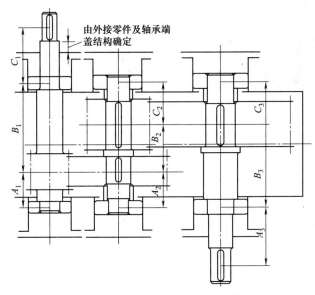

图 4-29　二级圆柱齿轮减速器装配底图设计第一阶段

4. 小圆锥齿轮轴系部件设计

圆锥-圆柱齿轮减速器轴的结构设计内容与上述轴的结构设计基本相同，这里仅就小圆锥齿轮轴系设计的特点阐述如下。

（1）小圆锥齿轮的悬臂长度和轴的支承跨距　小圆锥齿轮轴多采用悬臂结构（图4-30）。为了使悬臂轴系有较大的刚度，轴承支点距离不宜过小，一般取 $l_1 \approx 2l_2$ 或 $L_1 \approx 2.5d$，d 为轴承处直径。为使轴系轴向尺寸紧凑，设计时应尽量减小悬臂长度 l。图 4-31（a）所示轴向结构尺寸过大；图 4-31（b）所示轴向结构尺寸紧凑。

（2）轴承套杯　为保证圆锥齿轮传动的啮合精度，装配时需要调整大小圆锥齿轮的轴向位置，使两轮锥顶重合。因此，小圆锥齿轮轴和轴承通常放在套杯内，用套杯凸缘内端面与轴承座外端面之间的一组垫片调整小圆锥齿轮的轴向位置［图 4-32（a）］。同时，采用套杯结构也便于设置用来固定轴承的凸肩（套杯加工方便），并可使小圆锥齿轮轴系部件成为一个独立的装配单元。套杯常用铸铁制造。δ_2 为套杯厚度，凸肩高度应使直径 D 不小于轴承

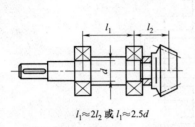

$l_1 \approx 2l_2$ 或 $l_1 \approx 2.5d$

图 4-30　小圆锥齿轮轴系支点跨距与悬臂长度

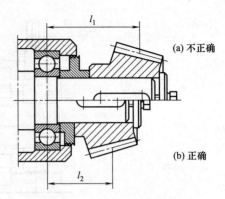

(a) 不正确

(b) 正确

图 4-31　小圆锥齿轮悬臂长度

手册中的规定值 D_a，以免造成拆卸轴承外圈的困难，图 4-32（b）是不正确的结构，因为无法拆下轴承外圈。

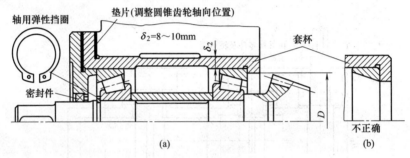

图 4-32　小圆锥齿轮轴向位置的调整

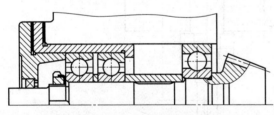

图 4-33　短套杯结构

轴承套杯的结构尺寸可参考第八章表 8-20 确定。

（3）轴的支承结构　小圆锥齿轮轴较短，常采用两端固定式支承结构。当采用角接触球轴承或圆锥滚子轴承时，轴承有两种不同的布置方案，如图 4-35所示，图（a）为轴承面对面正装，图（b）为轴承背靠背反装。两种方案的轴结构、刚度和轴承固定方法不同，方案（b）的轴刚度较大。

图 4-33 为短套杯结构，轴承一端固定、一端游动，结构简单，装配方便。图 4-34是将套杯制成独立部件，套杯长度替代了一部分箱体，可以减小箱体上套杯座孔长度，简化箱体结构。采用这种结构时，必须注意保证套杯刚度，可取轴承座厚度 $\delta_2 \geqslant 1.5\delta$，$\delta$ 为机体壁厚，并增加支承肋。

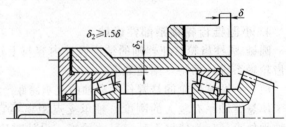

图 4-34　制成独立部件的套杯

对方案（a），轴承固定方法视小圆锥齿轮与轴的结构关系而异。图 4-36 是典型的双支点各单向固定方式。图 4-37 是齿轮轴结构的轴承固定方法，两个轴承的内圈各端面都需要固定，而外圈各固定一个端面。这种结构适用于小圆锥齿顶圆直径小于套杯凸肩孔径的场合，便于轴承在套杯外进行安装。当齿轮顶圆直径 $d_{a1} > D$ 时，轴承在套杯内进行安装很不方便，图 4-38 是齿轮与轴分开的结构，其轴承只在内、外圈固定一个端面，当小圆锥齿轮顶圆直径大于套杯凸肩孔径时，采用齿轮与轴分开的结构便于装拆轴承。上述两种结构的轴承游隙都是通过轴承盖与套杯间的垫片来调整的。当轴比较长或在温度变化较大的工作环境中，可采用一端双向固定，另一端游动的结构，如图 4-39 和图 4-40 所示。

对方案（b），轴承固定和调整方法也与轴和齿轮的结构有关。图 4-41 为齿轮轴结构；图 4-42 为齿轮与轴分开的结构。两种结构的轴承安装都要在套杯内进行，很不方便，而且轴承游隙靠圆螺母调整也很麻烦，所以轴的刚度虽大，但用得较少。

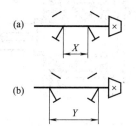

图 4-35　小锥齿轮轴上轴承的布置方案

图 4-36　小锥齿轮轴的轴承固定

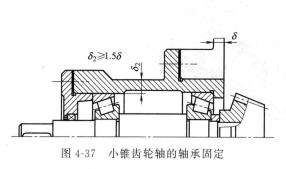

图 4-37　小锥齿轮轴的轴承固定

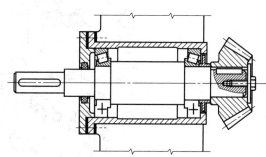

图 4-38　小锥齿轮轴的轴承固定

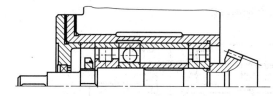

图 4-39　一端双向固定结构（一）

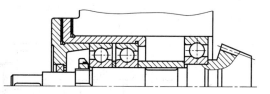

图 4-40　一端双向固定结构（二）

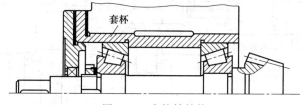

图 4-41　齿轮轴结构

当承受较大径向载荷时，可采用短圆柱滚子轴承承受径向力和用深沟球轴承承受轴向力，后者外圈不应与孔接触，以避免承受径向力，具体结构见图 4-43。

为改善圆锥齿轮的啮合性能，将小圆锥齿

图 4-42　齿轮与轴分开结构

轮轴做成双支点结构（图4-44），在箱体内做出轴承座，提高轴的刚度。这种结构缩短了箱体上套杯座孔长度，但制造较复杂，设计时还应注意不使轴承座与大圆锥齿轮相互干涉，如图4-45中双点画线所示。

按上述方法可进行小圆锥齿轮轴系部件的设计，在图4-15基础上并结合前述轴的结构设计内容，就可完成圆锥-圆柱齿轮减速器装配底图第一阶段的设计，如图4-46所示。

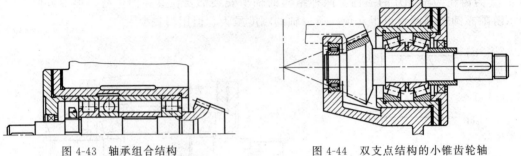

图4-43　轴承组合结构　　　　　　　图4-44　双支点结构的小锥齿轮轴

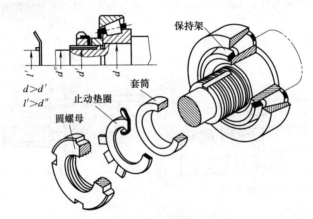

图4-45　圆螺母外径与轴承内径的关系

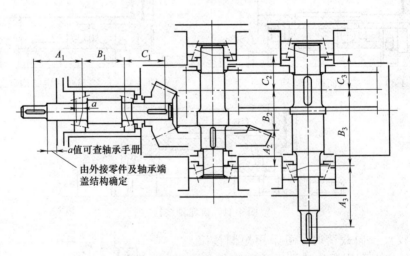

图4-46　圆锥-圆柱齿轮减速器装配底图设计第一阶段

5. 蜗杆轴系部件设计

当蜗杆轴较短（支点距离小于300mm）、温升不是很高时，蜗杆轴的支承可采用两端固定式结构（图 4-47）；当蜗杆轴较长，轴热膨胀伸长量大，如采用两端固定结构，则轴承将承受较大附加轴向力而运转不灵活，甚至轴承卡死压坏，这时常采用一端固定、一端游动的支承结构（图 4-48）。固定端一般选在非外伸端，并常用套杯结构，以便于固定轴。设计时，应使蜗杆的两个轴承座孔直径相同并且大于蜗杆外径，以便箱体上轴承座孔的加工和蜗杆装入。为此，游动端可用套杯结构（图 4-48）或选取轴承外径与座孔相同的结构（图 4-49）。当采用角接触球轴承作为固定端时，必须在两轴承之间加一套圈（图 4-49）以避免外圈接触。

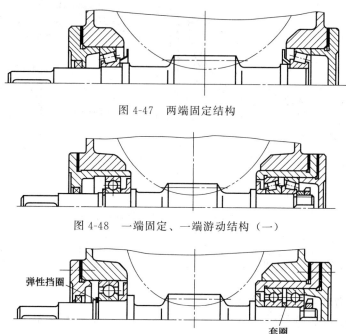

图 4-47　两端固定结构

图 4-48　一端固定、一端游动结构（一）

图 4-49　一端固定、一端游动结构（二）

一端固定、一端游动是最常用的蜗杆轴支承方式，此时，游动端的轴承可以采用图 4-50 中的深沟球轴承或滚子轴承。固定端的轴承可以采用图 4-51 中的某一种，但多采用图 4-51（g）～（i）所示三种。当蜗杆转速（$n \geqslant 1500\mathrm{r/min}$）、旋转精度较高，或者功耗和温升较大时，固定端的轴承可以采用图 4-51（c）～（f）四种。

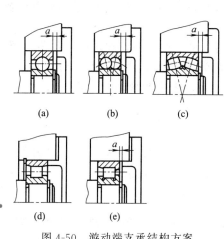

图 4-50　游动端支承结构方案

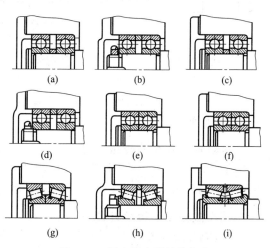

图 4-51　固定端支承结构方案

按上述方法可进行蜗杆轴系部件的设计，在图 4-25 基础上并结合前述轴的结构设计内容，就可完成蜗杆减速器装配底图第一阶段的设计，如图 4-52 所示。

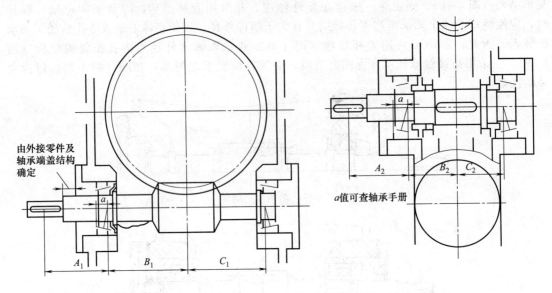

由外接零件及轴承端盖结构确定

A_1 B_1 C_1

A_2 B_2 C_2

a值可查轴承手册

图 4-52   蜗杆减速器装配底图设计第一阶段

五、轴、轴承及键连接的强度校核

1. 确定轴上力作用点和轴承支点距离

由初绘的装配底图，可以定出轴上传动零件受力点的位置和轴承支点间的距离（见图 4-32、图 4-33、图 4-47、图 4-52）。圆锥滚子轴承和角接触球轴承的支点与轴承端面间的距离 a（图 4-53），可查轴承标准。

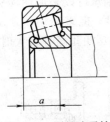

a

图 4-53   圆锥滚子轴承的支点位置

2. 轴的校核计算

确定了支点距离及零件的力作用点后，即可进行受力分析和画出力矩图。根据轴各处所受力矩大小及应力集中情况，确定 2～3 个危险截面进行轴的强度校核。对于较重要的轴，须全面考虑影响轴强度的应力集中等各种因素，按疲劳强度对危险截面进行安全系数校核计算。

若校核后强度不够，则必须对轴的一些参数，如轴径、圆角半径、断面变化尺寸等进行适当修改；如强度富裕量过大，不必马上改变轴的结构参数，可待轴承寿命及键连接的强度校核之后，再综合考虑是否修改或如何修改。

3. 滚动轴承寿命的校核计算

滚动轴承的寿命可与减速器的寿命或减速器的检修期（2～4 年）大致相符。若计算出的寿命达不到要求，可考虑选另一种系列的轴承，必要时可改变轴承类型。

4. 键连接强度的校核计算

对键连接主要是校核其挤压强度。若键连接的强度不够，应采取必要的修改措施，如增加键长、改用双键等。

第四节　轴系部件的结构设计（第二阶段）

这一阶段的主要内容是在装配底图的基础上，进一步设计传动零件、轴上其他零件及轴的支承等具体结构。

一、传动零件结构设计

1. 齿轮的结构

齿轮的结构形状与所采用的材料、毛坯大小及制造方法有关。

按毛坯制造方法不同，齿轮结构分锻造、铸造和焊接毛坯三类。根据尺寸不同，齿轮有齿轮轴、盘式和腹板式三种形式（图 4-54）。锻造毛坯适用于齿轮顶圆直径 $d_a < 500mm$ 时，材料为锻钢，常用盘式或腹板式结构［图 4-54（d）、（e）］。

当分度圆直径与轴径相差不大时［齿根圆到键槽底面的距离 $x < 2.5m$（圆柱齿轮）、$x \leqslant 1.6m$（圆锥齿轮）（m 为模数）］，将齿轮与轴制成一体，如图 4-54（a）～（c）所示，称齿轮轴。当齿顶圆或齿根圆直径（d_a 或 d_f）小于轴径［图 4-54（b）、（c）］时，必须用滚齿法加工轮齿。当齿轮根圆直径 d_f 大于轴径 d，并且 $x \geqslant 2.5m$［图 4-54（d）］时，齿轮可与轴分开制造，这时轮齿可用滚齿或插齿加工。当 $x \geqslant 2.5m$、齿轮直径小于 200mm 时，也可用轧制圆钢作毛坯，并制成实心（盘式）结构，如图 4-54（d）所示。对直径较大的齿轮，常用腹板结构，并在腹板上加工孔（钻孔或铸造），以便于加工时装夹和吊运，还可减轻重量，如图 4-54（e）、（f）所示，图 4-54（e）为锻造结构，图 4-54（f）为铸造结构。齿宽较大时，宜加肋以提高刚度。铸造毛坯适用于齿轮直径较大（一般圆柱齿轮 $d_a > 400mm$ 及圆锥齿轮 $d_a > 300mm$）时，常用材料为铸钢或铸铁。铸造毛坯还可制成带有轮辐的结构，轮辐断面有各种形状，可参阅有关资料。对单件或小批量生产的大齿轮，为缩短生产周期和减轻齿轮重量，有时也采用焊接齿轮结构。

齿轮轮毂宽度与轴的直径有关，可大于或等于轮缘宽度，一般常等于轮缘宽度［图4-54（f）中 $L=B$］。

课程设计中多为中、小直径锻造毛坯齿轮。设计中可参考第八章表 8-3 和表 8-4 确定各部分尺寸，并绘制其具体结构。

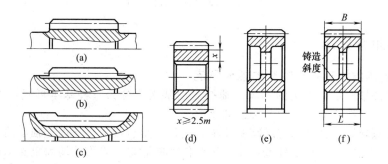

图 4-54　圆柱齿轮结构

2. 蜗杆和蜗轮的结构

（1）蜗杆结构　蜗杆多为钢制，由于蜗杆径向尺寸小而常与轴制成一体，称为蜗杆轴。

结构尺寸参见第八章表 8-5，蜗杆根圆直径 d_n 略大于轴径 d 时，其螺旋部分可以车制，也可以铣制；当 $d_n < d$ 时，只能铣制。

（2）蜗轮结构　蜗轮结构分组合式和整体式两种，如图 4-55 所示。为节省有色金属，大多数蜗轮做成组合式结构，如图 4-55（a）、（b）所示，只有铸铁蜗轮或直径 $d_n < 100$ mm 的青铜蜗轮才用整体式结构，如图 4-55（c）所示。

图 4-55（a）所示为青铜轮缘用过盈配合装在铸铁或铸钢轮芯上的组合式蜗轮结构，其常用的配合为 H7/s6 或 H7/r6，装配方法可将轮缘加热或加压装配。为增加连接的可靠性，在配合表面接缝处装 4～8 个螺钉。为避免钻孔时钻头偏向软金属青铜轮缘，螺孔中心应稍偏向较硬的铸铁轮芯一侧 2～3 mm。

图 4-55（b）为轮缘与轮芯用铰制孔螺栓连接的组合式蜗轮结构，螺栓与孔常用的配合为 H7/m6。其螺栓直径和个数由强度计算确定。这种组合结构工作可靠、装配方便，适用于较大直径的蜗轮或轮齿易磨损需经常更换的场合。为节省青铜和提高连接强度，在保证必需的轮缘厚度的条件下，螺栓位置应尽量靠近轮缘。

设计中可参考图 4-55 或第八章表 8-6 确定各部分尺寸，并绘制其具体结构。

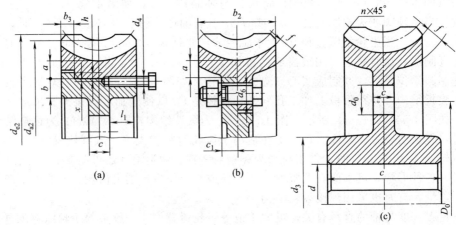

$d_3 = 1.6d$, $c = 0.3b_2$, $c_1 = (0.2～0.25)b_2$, $b_3 = (0.12～0.18)b_2$, $a = b = 2m \geq 10$mm,

$h = 0.5b_3$, $d_4 = (1.2～1.5)m \geq 6$mm, $l_1 = 3d_4$, $x = 1～2$mm, $f \geq 1.7m$,

m 为模数，d_6 按强度计算确定，d_0、D_0 由结构确定

图 4-55　蜗轮的结构和尺寸

二、轴承的组合设计

1. 轴的支承结构形式和轴系的轴向固定

按轴系零件轴向定位方法的不同，轴的支承结构可分为三种基本形式，即两端固定支承、一端固定、一端游动支承和两端游动支承。

普通齿轮减速器，其轴的支承跨距较小，故常采用两端固定支承。轴承内圈在轴上可用轴肩或套筒作轴向定位，轴承外圈用轴承端盖作轴向固定。采用两端固定支承时，应留适当的轴向间隙，以补偿工作时轴的热伸长量。对于固定间隙轴承（如深沟球轴承），在装配时可通过调整垫片来控制轴向间隙。调整垫片可设置在轴承盖与箱体轴承座端面之间（用于凸缘式轴承端盖），如图 4-56（a）所示；也可设置在轴承盖与轴承外圈之间（用于嵌入式轴承端盖），如图 4-56（b）所示。图 4-57 所示为采用嵌入式轴承盖时利用螺纹件来调整轴承游隙。

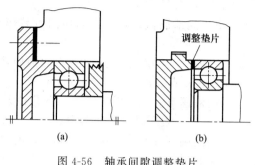

图 4-56　轴承间隙调整垫片

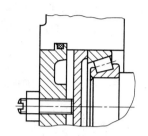

图 4-57　用螺纹件调整轴承间隙

2. 轴承端盖的结构

轴承端盖的作用是固定轴承、承受轴向载荷、密封轴承座孔、调整轴系位置和轴承间隙等。其类型有凸缘式和嵌入式两种。

嵌入式轴承端盖不用螺栓连接，结构简单，但密封性能差。在轴承盖中设置O形密封圈能提高其密封性能，适用于油润滑，如图 4-58 所示。另外，采用嵌入式轴承盖时，调整轴向间隙较麻烦，需要打开箱盖，放置调整垫片，只宜用于深沟球轴承（固定间隙轴承），如图 4-56 （b）所示。如用嵌入式端盖固定圆锥滚子轴承或角接触球轴承时，应在端盖上增加调整螺钉，以便于调整，如图 4-57 所示。

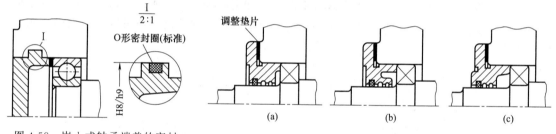

图 4-58　嵌入式轴承端盖的密封

图 4-59　穿通式轴承端盖的铸造工艺性

凸缘式轴承盖用螺钉固定在箱体上，调整轴承间隙时不需开箱盖；比较方便，密封性能也好，所以用得较多。这种端盖多用铸铁铸造，所以要考虑铸造工艺。例如在设计穿通式轴承端盖（图 4-59）时，由于装置密封件需要较大的端盖厚度［图 4-59 （a）］，这时应考虑铸造工艺，尽量使整个端盖厚度均匀，如图 4-59 （b）、（c）所示是较好的结构。

当轴承端盖的宽度 L 较大时［图 4-60 （a）］，为减少加工量，可在端部铸出一段较小的直径 D'，但必须保留有足够的长度 l［图 4-60 （b）］，否则拧紧螺钉时容易使端盖倾斜，致使轴承受力不均，可取 $l=0.15D$。图中端面凹进，也是为了减少加工面。

为了调整轴承间隙，需在端盖与箱体之间放置若干薄片组成的调整垫片，如图 4-59 所示，但有的垫片只起密封作用。

设计中可参考表 8-18、表 8-19 确定各部分尺寸，并绘制其具体结构。

3. 减速器中滚动轴承的润滑方式及其应用

滚动轴承的润滑通常采用油润滑或脂润滑。其常用的润滑方法有以下几种。

（1）润滑脂润滑　减速器中浸油齿轮的圆周速度太低（$v<1.5\sim2\text{m/s}$）时，难以飞溅形成油雾或难以

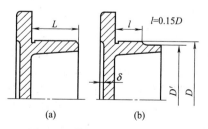

图 4-60　轴承端盖的定位长度

将油导入轴承内，或难以使轴承浸油润滑时，这时可采用润滑脂润滑。

为防止箱体内的油浸入轴承与润滑脂混合，防止润滑脂流失，应在箱体内侧装挡油盘，如图 4-61 所示。润滑脂的装填量不应超过轴承空间的 1/3～1/2。

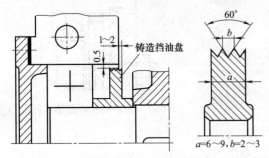

图 4-61　脂润滑轴承的注油孔与挡油环

（2）油润滑　当浸油齿轮的圆周速度大于 2m/s 或 $dn > 2 \times 10^5$ mm·r/min 时，宜采用油润滑。油润滑通常有以下几种方式。

① 飞溅润滑。减速器中只要有一个浸油齿轮的圆周速度 $v \geqslant 1.5 \sim 2$m/s，就可采用飞溅润滑。当圆周速度 $v > 3$m/s 时，飞溅的油可形成油雾并能直接溅入轴承室。为使润滑可靠，常在箱座结合面上制出输油沟，让溅到箱盖内壁上的油汇集在油沟内，而后流入轴承室进行润滑。图中在箱盖内壁与其接合面相接触处须制出倒棱，以便油液流入油沟。

通过浸在油池内的传动件将润滑油直接溅入轴承内，或先溅到箱壁上，顺着内壁流入箱体的油槽中，再沿油槽流入轴承内。此时端盖端部必须开槽，并将端盖端部的直径取小些，以免油路堵塞，如图 4-62 所示。

斜齿轮或蜗杆螺旋线齿具有沿轴向排油的作用，会使过多的润滑油冲向轴承而增加轴承的阻力，尤其对高速小齿轮，从啮合区过来的热油冲击更为严重，所以，这种情况下应在小齿轮轴承前装置挡油板，挡油板可用薄钢板冲压成形或用钢材车削，也可以铸造成形，如图 4-63 所示。

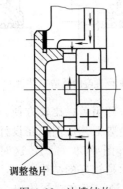

图 4-62　油槽结构

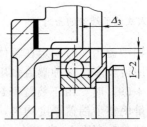

图 4-63　挡油板结构

② 浸油润滑。将轴承直接浸入箱内油中进行润滑。这种润滑方式常用于下置式蜗杆减速器。蜗杆的浸油深度大于或等于一个蜗杆齿高，轴承的浸油深度不应超过轴承最低滚动体的中心，以免加大搅油损失。若油面高度符合轴承浸油深度要求而蜗杆齿尚未浸入油中，或蜗杆浸油太浅时，可在轴两侧设置溅油轮并使其浸入油中，传动件不接触油面而靠溅油润滑，轴承仍为浸油润滑，如图 4-64 所示。

③ 刮油润滑。下置式蜗杆的圆

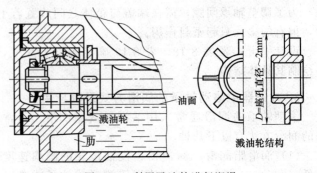

图 4-64　利用溅油轮进行润滑

周速度 $v>2m/s$，但蜗杆位置低，飞溅的油难以达到蜗轮轴承，可利用装在箱体内的刮油板刮油润滑轴承，刮油板和传动件之间应留 $0.1\sim0.5mm$ 的间隙，如图 4-65 所示。

4. 滚动轴承的密封

滚动轴承的密封分为接触式密封和非接触式密封两类。

（1）接触式密封

① 毡圈油封式密封。如图 4-66 所示，利用矩形截面的毛毡圈嵌入梯形槽中所产生的对轴的压紧作用，获得防止润滑油漏出和外界杂质、灰尘等侵入轴承室的效果。图 4-66（b）所示为用压板压在毛毡圈上，便于调整径向密封力和更换毡圈。毡圈油封式密封结构简单，但密封效果较差，且与轴颈接触面的摩

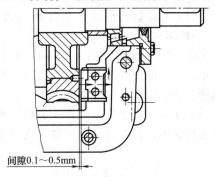

间隙 $0.1\sim0.5mm$

图 4-65 刮油板刮油润滑

擦较严重，主要用于脂润滑及密封处轴颈圆周速度较低（$v<3\sim7m/s$）的油润滑。

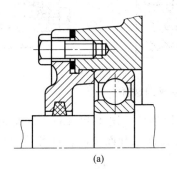
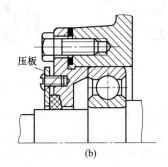

压板

(a)   (b)

图 4-66 毡圈油封式密封装置

② 橡胶油封式密封。如图 4-67 所示，它是利用断面形状为 J 形的密封圈唇形结构部分的弹性和螺旋弹簧圈的扣紧力，使唇形部分紧贴轴表面而起密封作用。橡胶油封式密封效果较好，所以得到广泛应用。

橡胶油封有两种结构，一种是密封圈内带有金属骨架 [图 4-67（a）]，靠外圈与孔的配合安装，不需再有轴向固定；另一种是无骨架式密封圈 [图 4-67（b）]，使用时需要有轴向固定装置。应注意密封唇的安装方向，如果主要是为了封油，密封唇应对着轴承 [图 4-67（c）]；如果主要是为了防止外物侵入，则密封唇应背着轴承 [图 4-67（a）、（b）]；若要同时具备防漏和防尘能力，最好使用两个反向安置的密封圈 [图 4-67（d）]。

橡胶油封式密封工作可靠，密封性能好，便于安装和更换，可用于油润滑和脂润滑。对精车的轴颈，圆周速度 $v\leqslant10m/s$；对磨光的轴颈，圆周速度 $v\leqslant15m/s$。

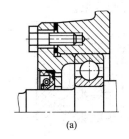
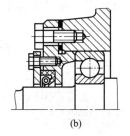
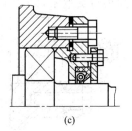
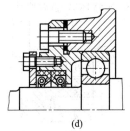

(a)   (b)   (c)   (d)

图 4-67 橡胶油封式密封装置

③ O 形橡胶密封圈密封。利用 O 形橡胶密封圈安装在沟槽中受到挤压变形来实现密封，可用于静密封和动密封（往返或旋转）。常用于嵌入式轴承端盖处的密封。

（2）非接触式密封　非接触式密封是利用圆形间隙［图 4-68（a）］或沟槽［图 4-68（b）］填满润滑脂获得密封。

① 间隙式密封。图 4-68（a）所示为圆形间隙式密封装置，其密封性能主要取决于间隙大小，一般取间隙为 0.2～0.5mm，密封处轴的最大圆周速度应小于 5m/s；图 4-68（b）为沟槽式密封装置，沟槽数应不少于 3，其密封性能比间隙式好；图 4-68（c）所示为在沟槽基础上又开有回油槽，可进一步提高密封效果，轴表面的圆周速度不受限制。间隙式密封装置结构简单，但密封不够可靠，适用于脂润滑且工作环境清洁的轴承。

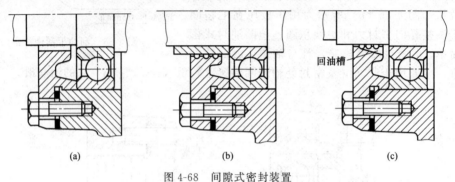

(a)　　　　　　(b)　　　　　　(c)

图 4-68　间隙式密封装置

② 离心式密封。图 4-69 所示为在轴上安装甩油环［图 4-69（a）］以及在轴上开出沟槽［图 4-69（b）］，利用离心力把欲向外流失的油沿径向甩开而流回。这种结构常与间隙式密封联合使用，适用于圆周速度 $v \geqslant 5m/s$ 的油润滑。

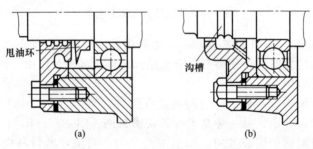

(a)　　　　　　(b)

图 4-69　离心式密封装置

③ 迷宫式密封。图 4-70 为利用转动元件与固定元件间所构成的曲折、狭小缝隙及缝隙内充满油脂实现密封，密封处轴的表面圆周速度不受限制，其优点是可用于高速且密封效果好，对油润滑和脂润滑均同样有效。但结构较复杂，制造安装不便，不便用于轴有较大热伸长量和整体式轴承座中。如果与其他密封形式配合使用，则可收到更好的效果。

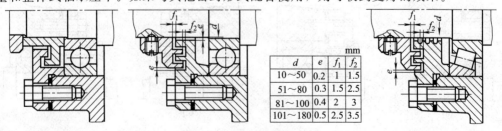

d	e	f_1	f_2
10～50	0.2	1	1.5
51～80	0.3	1.5	2.5
81～100	0.4	2	3
101～180	0.5	2.5	3.5

图 4-70　迷宫式密封装置

设计中应结合工作条件、使用要求来选择轴承润滑和密封方式，可参阅第十三章中密封件的有关内容确定各部分尺寸，并绘制其具体结构。

按本节内容可在装配底图第一阶段的基础上设计绘制轴上传动零件、轴承组合、轴承润滑与密封等轴系部件的具体结构，完成装配底图第二阶段的工作

第五节　减速器箱体和附件设计（第三阶段）

在已确定箱体结构形式（如剖分式）、箱体毛坯制造方法（如铸造箱体）以及前两阶段装配底图设计的基础上，这一阶段的主要内容是进一步设计箱体及其附件的具体结构。设计绘图工作应在三个视图上同时进行。绘图次序应先箱体，后附件；先主体，后局部；先轮廓，后细节。

一、减速器箱体的结构设计

减速器箱体起着支持和固定轴系零件、保证轴系运转精度、良好润滑及可靠密封等重要作用。设计箱体结构，应保证有足够的刚度和良好的工艺性。

1. 箱体要具有足够的刚度

箱体的刚度不够，会在加工和使用过程中产生不允许的变形，从而引起轴承座孔中心线歪斜，在传动中产生偏载，导致运动副加速磨损，影响减速器正常工作。箱体的刚度主要取决于箱体的壁厚、轴承座螺栓连接的刚度和肋板尺寸。

（1）箱体的壁厚及其结构尺寸的确定　箱体要有合理的壁厚。对于铸造箱体，壁厚应满足铸造壁厚最小值要求，同时壁厚应尽可能一致，并采用圆弧过渡。铸造箱体壁厚与结构尺寸可参考表 4-1 和图 4-4、图 4-5 确定。

焊接箱体多由钢板（Q235）焊成，壁厚为铸造箱体壁厚的 $0.7\sim0.8$ 倍，且不小于 4mm，其他各部分的结构尺寸参考表 4-1 和图 4-4、图 4-5 确定。

轴承座承受较大的载荷，应有较高的刚度。当轴承座孔采用凸缘式轴承盖时，根据安装轴承盖螺钉的需要所确定的轴承座壁厚（图 4-1～图 4-3 中确定）已能保证有足够的刚度。而使用嵌入式轴承端盖时，一般应取与使用凸缘式轴承盖时相同的轴承座壁厚。

为进一步提高轴承座刚度，常加设支撑肋，见图 4-1～图 4-3，m 尺寸按表 4-1 确定。支撑肋分外肋式、内肋式和凸壁式，其结构特点参见图 4-11。一般减速器常采用外肋结构。

图 4-16 所示蜗杆减速器的箱体为整体式结构，它的两侧具有两个大端盖孔，蜗轮即由此装入，该孔径要大于蜗轮外圆直径 D。为了保证蜗杆传动的啮合质量，大端盖与箱体采用 $\dfrac{H7}{js6}$ 配合，要求低时可用 $\dfrac{H7}{g7}$，并且要有一定的配合宽度 H。端盖内侧可加肋，以提高刚度。

若没有加肋，则应加大端盖厚度 t，蜗轮外圆与箱体上壁之间的距离 s 应考虑装配时蜗轮与箱体不相碰撞，以便将蜗杆装入箱体。上述有关数值可见图 4-16。端盖上应装有起盖螺钉，以便拆卸（参考图 4-6）。

（2）轴承座连接螺栓凸台结构尺寸的确定

① 轴承座连接螺栓位置的确定：为提高剖分式箱体轴承座处的连接刚度，座孔两侧的连接螺栓应尽量靠近，为此需在轴承座孔两侧设置凸台结构，如图 4-71 所示。图 4-72 所示为设置与不设置凸台结构时的轴承座连接刚度比较。

　　轴承座凸台上螺栓孔的间距 $s \approx D_2$（图 4-73），D_2 为凸缘式轴承盖的外径。若 s 值过小，螺栓孔容易与轴承盖螺钉孔或箱体轴承座的输油沟相干涉（造成漏油和油沟失去供油作用），如图 4-73 所示。若两轴承座孔之间装不下两个螺栓时，可在两个轴承座孔间距的中间装一个螺栓。用嵌入式轴承盖时，D_0 为轴承座凸缘的外径。

　　② 凸台高度 h 的确定：凸台高度要保证安装时有足够的扳手空间，如图 4-73 所示。高度 h 可根据最大的那个轴承座孔旁连接螺栓的中心线位置（s 值）和保证装配时有足够的扳手空间（c_1 和 c_2 值），用作图法来确定，如图 4-74 中 $a \sim f$ 所示，应在三个视图上同时进行。用这种方法确定的 h 值不一定为整数，可向大的方向圆整为尺寸标准数列值。为制造加工方便，各轴承座凸台高度应当一致，并且按最大轴承座凸台高度确定。考虑铸造拔模，凸台侧面的斜度一般取 $1:20$。轴承座外端面应向外凸出 $5 \sim 10 \text{mm}$（图 4-74），以便切削加工。

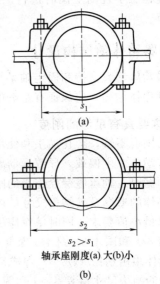

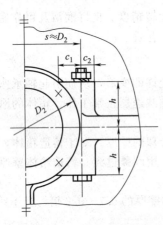

图 4-71　轴承旁连接螺栓凸台

图 4-72　轴承座的连接刚度比较

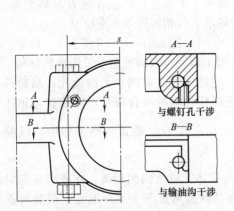

图 4-73　连接螺栓孔间距过近，造成干涉

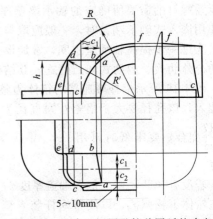

图 4-74　凸台三视图及箱盖圆弧的确定

2. 箱盖顶部外表面轮廓的确定

　　对于铸造箱体，箱盖顶部外轮廓常以圆弧和直线组成。大齿轮所在一侧的箱盖外表面圆弧半径 R，一般与大齿轮成同心圆，大齿轮一侧，可以轴心为圆心，以 R 为半径画出圆弧

作为箱盖顶部的部分轮廓，如图 4-75 所示。在一般情况下，大齿轮轴承座凸台均处于箱盖圆弧的内侧。

由于高速轴上齿轮较小，所以在高速轴一侧，用上述方法取半径画出的圆弧，往往会使小齿轮轴承座凸台超出箱盖圆弧。一般最好使小齿轮轴承座凸台在箱盖圆弧以内，另外，此处的轴承座凸台有多种结构形式（图 4-75），设计时也可根据需要进行选择。

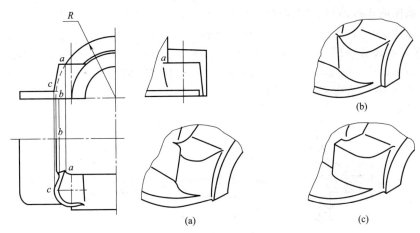

图 4-75　轴承座凸台位于箱盖圆弧外侧

当在主视图上确定了箱盖基本外廓后，便可在三个视图上详细画出箱盖的结构。前阶段绘制装配底图时，在长度方向小齿轮一侧的箱体内壁线还未确定，这时根据主视图上的内圆弧投影，可画出小齿轮侧的内壁线。

画出小齿轮、大齿轮两侧圆弧后，可作两圆弧切线。这样，箱盖顶部轮廓便完全确定了。

3. 油面位置及箱座高度的确定

对于大多数减速器，由于其传动件的圆周速度 $v \leqslant 12\text{m/s}$，故常采用浸油润滑（当速度 $v > 12\text{m/s}$ 时，应采用喷油润滑，见表 4-3）。因此，箱体内需有足够的润滑油，用以润滑和散热。

当传动零件采用浸油润滑时，浸油深度应根据传动零件的类型而定，深了搅油损失增大，浅了不能保证充分润滑，浸油深度具体值可参考表 4-3 确定。

为了避免传动零件转动时将沉积在油池底面的污物搅起，造成齿面磨损，应使大齿轮的齿顶圆距箱底内壁的距离大于 $30 \sim 50\text{mm}$，即齿轮中心距离箱底内壁 $H_\text{t} \geqslant d_{\text{a}2}/2 + (30 \sim 50)\text{mm}$，箱座高度 $H \geqslant d_{\text{a}2}/2 + (30 \sim 50)\text{mm} + \delta + (3 \sim 5)\text{mm}$（图 4-76），$\delta$ 为箱座的壁厚，确定一个 H 值，再结合浸油深度作图，就可确定油面高度。

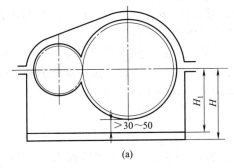
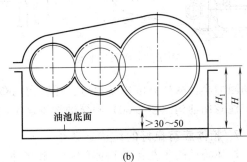

图 4-76　箱座高度的确定

油面高度确定后，即可计算出箱体的储油量。为保证润滑和散热，应按传动功率大小进行验算。对于单级减速器，每传递 1kW 的功率，需油量 $V_0 = 0.35 \sim 0.7 \mathrm{dm}^3$（油的黏度低，用小值；油的黏度高，用大值）；对于多级减速器，按级数成比例增加。若储油量不能满足要求，应适当改变 H_1、H 值，并将 H 值圆整为整数。

4. 箱盖与箱座连接凸缘、箱体底座凸缘的结构设计

箱盖与箱座的连接凸缘、箱体底座凸缘要有一定宽度和厚度，可参照表 4-1 确定。为了保证箱盖与箱座的连接刚度，箱盖与箱座的连接凸缘应较箱壁厚些，约为 1.5δ，见图 4-77（a）。为了保证箱体底座的刚度，取底座凸缘厚度为 2.5δ。底座凸缘宽度 B 应超过箱体内壁，一般取 $B = c_1 + c_2 + 2\delta$，c_1、c_2 为地脚螺栓扳手空间的尺寸。图 4-77（b）为正确结构，图 4-77（c）所示结构是不正确的。

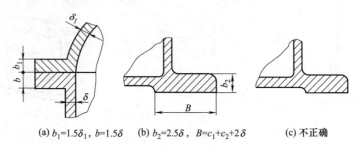

(a) $b_1 = 1.5\delta_1$，$b = 1.5\delta$　　(b) $b_2 = 2.5\delta$，$B = c_1 + c_2 + 2\delta$　　(c) 不正确

图 4-77　箱体壁厚及底座凸缘

5. 箱体接合面的密封

为了保证箱盖与箱座接合面的密封，常在接合面上涂密封胶，常用的密封胶有 601 密封胶、7302 密封胶及液体尼龙密封胶等（为保证轴承与座孔的配合精度，在接合面上不允许用加垫片的方法来密封）。为了保证密封，箱盖与箱座凸缘连接螺栓间距也不宜过大，一般为 $150 \sim 200 \mathrm{mm}$，并尽量匀称布置。

另外，对接合面的几何精度和表面粗糙度应有一定的要求，其表面粗糙度应不大于 $Ra 6.3 \mu\mathrm{m}$，密封要求高的表面要经过刮研。为了提高密封性，可在箱座凸缘上面铣出回油沟，使渗入接合面上的油沿回油沟的斜槽重新流回箱体内部，回油沟尺寸与导油沟相同。

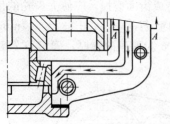

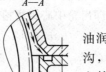

$A—A$

图 4-78　轴承的润滑

6. 导油沟的形式和尺寸

当轴承利用箱内传动件飞溅起来的润滑油润滑时，通常在箱座的剖分面上开设导油沟，在箱盖上制出斜口，使飞溅到箱盖内壁上的油经斜口流入导油沟，再经轴承端盖上的导槽（图 4-78）流入轴承。

导油沟有铸造油沟和机械加工油沟两种结构形式。机械加工油沟由于加工方便、油流动阻力小，故较常应用。斜口、导油沟的布置和油沟尺寸见图 4-79。

注意回油沟（图 4-80）和导油沟用途不同。

7. 箱体应有良好的结构工艺性

箱体的结构工艺性对箱体的质量和成本，以及对加工、装配、使用和维修都有直接影响，故应特别注意。

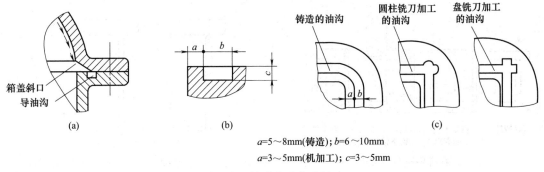

$a=5\sim8mm$(铸造)；$b=6\sim10mm$
$a=3\sim5mm$(机加工)；$c=3\sim5mm$

图 4-79　导油沟形状及尺寸

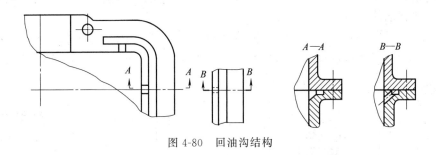

图 4-80　回油沟结构

（1）铸造工艺性

① 考虑到液态金属流动的畅通性，力求铸件结构简单，且壁厚不可太薄，最小壁厚见第七章。为了避免因冷却不均而造成的内应力裂纹或缩孔，结构变化处不应出现金属局部积聚（图 4-81），倾斜面不宜直接形成锐角（图 4-82）。铸件各部分的壁厚应力求均匀，尺寸变化平缓过渡，内外转折处都应有铸造圆角。铸造过渡斜度，铸造内外圆角等尺寸见第七章。

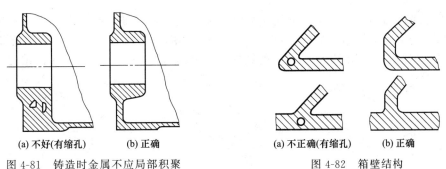

图 4-81　铸造时金属不应局部积聚

图 4-82　箱壁结构

② 为便于制模、造型，铸件外形应力求简单、统一（如各轴承座凸台高度应一致）。为了造型时拔模方便，铸件表面沿拔模方向应有（1：10）～（1：20）的斜度。在拔模方向上有孤立的凸起结构时，模型上要设置活块以减少拔模困难，图 4-83 所示为有活块模型的拔模过程。

当箱体表面有多个凸起结构时，应尽量连成一体，以简化拔模过程。图 4-84（a）所示结构需用两个活块，若改为图 4-84（b）结构，则不用活块，拔模方便。因此，在拔模方向上应尽量减少孤立的凸起结构。

③ 蜗杆减速器的发热量大，其箱体大小应满足散热面积的需要。设计中若热平衡计算不符合要求，应适当增大箱体尺寸，或增设散热片，图 4-85（a）所示散热片结构不便于起

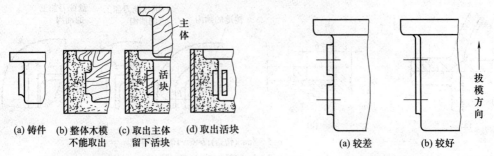

图 4-83　有活块模型的拔模过程

图 4-84　凸起结构与拔模-凸起连接不用活模

模，需做活块，图 4-85（b）是改进结构。散热片仍不能满足散热要求时，可在蜗杆轴端部加装风扇，或在油池中设置冷却水管。

④ 铸件还应尽量避免出现狭缝，因这时砂型强度差，在取模和浇注时易形成废品。图 4-86（a）中两凸台距离过近而形成狭缝，应将凸台连在一起，图 4-86（b）为正确结构。

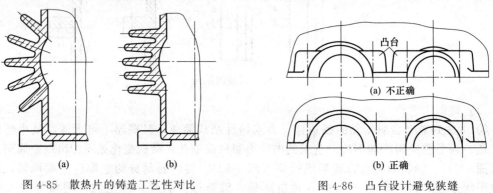

图 4-85　散热片的铸造工艺性对比

图 4-86　凸台设计避免狭缝

（2）机械加工工艺性

① 设计箱体结构形状，应尽可能减少机械加工面积，以提高劳动生产率，并减少刀具磨损。在图 4-87 所示的箱座底面结构中，图（a）全部进行机械加工的底面结构是不正确的，中、小型箱座多采用图（b）所示的结构，大型箱座则采用图（c）所示的结构。

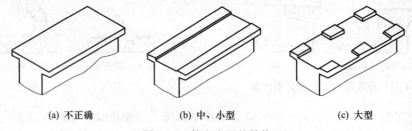

图 4-87　箱座底面的结构

② 为了保证加工精度和缩短加工时间，应尽量减少在机械加工过程中刀具的调整次数。例如，同一轴线的两轴承座孔直径应尽量一致，以便于镗孔和保证镗孔精度。又如同一方向的平面，应尽量对其一次调整加工。所以，各轴承座外端面都应在同一平面上，如图 4-88（b）所示，图 4-88（a）不正确。

③ 设计铸造箱体时，箱体上的任何一处加工面与非加工面应严格分开，不使它们在同一平面上，如图 4-89 所示。采用凸起还是凹下结构应视加工方法而定。轴承座孔端面、窥

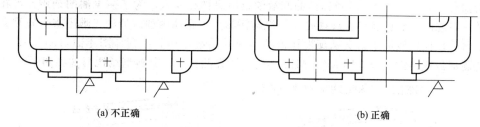

(a) 不正确　　　　　　　　　　　　　(b) 正确

图 4-88　箱体轴承座端面结构

视孔、通气器、吊环螺钉、油塞等处均应做出凸台（凸起高度 $h=3\sim8mm$），支撑螺栓头部或螺母的支承面，一般多采用凹下的结构，即沉头座。沉头座锪平时，深度不限，锪平为止，在图上可画出 $2\sim3mm$ 深，以表示锪平深度。图 4-90 所示为沉头座坑的加工方法，图（c）和图（d）是刀具（如圆柱铣刀）不能从下方接近时的加工方法。

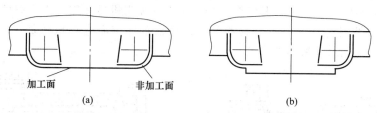

加工面　　　　　非加工面

(a)　　　　　　　　　　　　(b)

图 4-89　加工表面与非加工表面应当分开

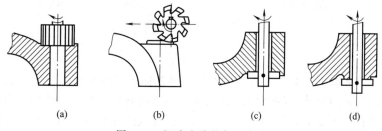

(a)　　　　(b)　　　　(c)　　　　(d)

图 4-90　沉头座孔的加工方法

8. 箱体结构尺寸的确定

主要结构尺寸可按表 4-1 和上述内容确定，由于箱体的结构和受力情况比较复杂，其他结构和尺寸常需根据经验用类比法设计确定。设计中应结合上述内容，并参考其他减速器箱体设计资料，综合分析设计，绘制出箱体结构。

二、减速器附件设计

为了检查传动件的啮合情况，改善传动件及轴承的润滑条件，方便注油、排油、指示油面、通气及装拆吊运等，减速器常安置有各种附件。这些附件应按其用途设置在箱体的合适位置，并要便于加工和装拆。

1. 窥视孔和窥视孔盖

（1）作用　为了便于检查箱内传动零件的啮合情况以及将润滑油注入箱体内，在减速器箱体的箱盖顶部设有窥视孔。为了防止润滑油飞溅出来和污物进入箱体内，在窥视孔上应加窥视孔盖。

（2）设计　窥视孔应设在能看到传动零件啮合区的位置，其尺寸应足够大，以便手能伸入进行操作（见图 4-91）。减速器内的润滑油也由窥视孔注入，为了减少油的杂质，可在窥视孔上装一过滤网。窥视孔要有窥视孔盖，以防污物进入箱体内和润滑油飞溅出来。窥视孔处应设计凸台，以便机械加工出支承窥视孔盖的表面并用垫片加强密封［图 4-91（b）］。窥视孔盖常用轧制钢板或铸铁制成，用 M6～M10 螺钉紧固在凸台上，其典型结构形式如图 4-92 所示。

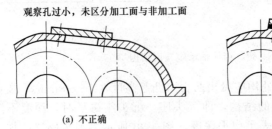

观察孔过小，未区分加工面与非加工面 　　　　密封垫

(a) 不正确　　　　　　　　　　　(b) 正确

图 4-91　窥视孔位置及结构

轧制钢板式见图 4-92（a），其结构轻便，上下面无需机械加工，无论单件或成批生产均常采用；铸铁式见图 4-92（b），需制木模，且有较多部位需进行机械加工，故应用较少。窥视孔及窥视孔盖的尺寸见第八章。

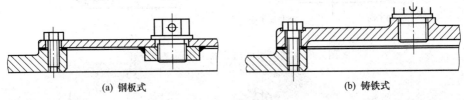

(a) 钢板式　　　　　　　　　　　(b) 铸铁式

图 4-92　窥视孔盖

2. 通气器

（1）作用　减速器工作时，由于摩擦发热，使箱体内温度升高，气压增大。为了避免由此引起密封部位的密封性能下降造成润滑油从缝隙（剖分面、轴伸处间隙）向外渗漏，多在箱盖顶部或窥视孔盖上安装通气器，使箱体内热膨胀气体能自由逸出，达到箱体内外气压相等，从而保证箱体有缝隙处的密封性能。

（2）设计　简易的通气器常用带螺钉制成，但通气不要直通顶端，以免灰尘进入，如第八章所示。这种通气器没有防尘功能，一般用于比较清洁的场合。较完善的通气器内部做成各种曲路，并有防尘金属网，可以减少减速器停车后灰尘随空气吸入箱体，如第八章所示。

安装在钢板视盖上时，用一个扁螺母固定，为防止螺母松脱落到箱体内，将螺母焊在视孔盖上，见图 4-92（a），这种形式结构简单，应用广泛。安装在铸造视孔盖或箱盖上时，要在铸件上加工螺纹孔和端部平面，见图 4-92（b）。

3. 油标（油面指示器）

（1）作用　油标用来检查箱内油面高度，以保证有正常的油量。一般设置在箱体上便于观察、油面较稳定的部位。

（2）设计　油标有各种结构类型，有的已定为国家标准件。

油标常放置在便于观察减速器油面及油面较稳定之处（如低速级传动件附近）。常见的油标有杆式油标、圆形油标、长形油标等，杆式油标（油标尺）结构简单、使用方便、应用较多，如图 4-93 所示。检查油面高度时拔出油标，以杆上油痕判断油面高度。油标上两条刻线的位置，分别对应最高和最低油面，油痕应位于油标上最高、最低油面位置标线之间，如图 4-93（a）所示。如果需要在运转过程中检查油面，为避免因油搅动而影响检查效果，可在油标外装隔离套，如图4-93（b）所示。

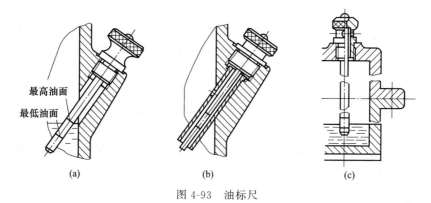

最高油面
最低油面

(a)　　　　　　　　　　　(b)　　　　　　　　　(c)

图4-93　油标尺

杆式油标多安装在箱体侧面，设计时应合理确定油标插孔的位置及倾斜角度，既要避免箱体内的润滑油溢出，又要便于油标的插取及油标插孔的加工，如图4-94所示。当箱座较矮、不便安装于其侧面时，可采用图4-93（c）所示的带有通气器的直装式油标。杆式油标插孔凸台的主视图与侧视图的局部投影关系，如图4-95所示。

圆形、长形油标为直接观察式油标，可随时观察油面高度，油标安装位置不受限制，因此当不便选用杆式油标时，可选用圆形或长形油标。各种油标的结构尺寸见第八章。

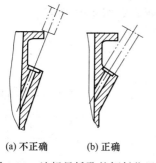

(a) 不正确　　　(b) 正确

图4-94　油标尺插孔的倾斜位置

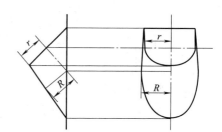

图4-95　油标插座凸台的投影关系

4. 放油孔和螺塞

（1）作用　为了更换润滑油或排出污油，在减速器箱座最低部设有放油孔，并用放油螺塞和密封垫圈将其堵住。

（2）设计　箱座内底面常做成1°～1.5°倾斜面，在油孔附近应做成凹坑，以便污油的汇集而排尽，如图4-96所示，并安置在减速器不与其他部件靠近的一侧，以便于放油。

放油孔平时用螺塞堵住，因此，油孔处的箱体外壁应凸起一块，经机械加工成为螺塞头

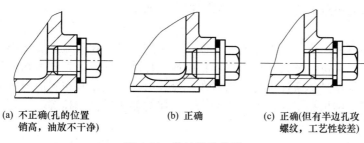

(a) 不正确(孔的位置　　　(b) 正确　　　(c) 正确(但有半边孔攻
销高，油放不干净)　　　　　　　　　　　　螺纹，工艺性较差)

图4-96　放油孔的位置

部的支承面，并配有封油垫圈以加强密封。螺塞及封油垫圈的结构尺寸见第八章。

5. 起盖螺钉

（1）作用　为了保证减速器的密封性，箱盖与箱座接合面上常涂有水玻璃或密封胶，连接后接合较紧，不易分开。为便于拆卸箱盖，在箱盖凸缘上常设置 1～2 个起盖螺钉。拆卸箱盖时，拧动起盖螺钉，便可顶起箱盖。

（2）设计　起盖螺钉的直径与凸缘连接螺栓直径相同，其上的螺纹长度要大于箱盖连接凸缘的厚度，钉杆端部要做成圆柱形或半圆形，以免顶坏螺纹，如图 4-97 所示。也可用方头、圆柱头紧定螺钉代替。

在轴承端盖上也可以安装起盖螺钉，便于拆卸端盖。对于需作轴向调整的套杯，如装上 2 个起盖螺钉，将便于调整，如图 4-98 所示。

6. 定位销

（1）作用　为了保证箱体轴承座孔的加工精度与装配精度，在箱盖和箱座用螺栓连接后，镗孔之前，需在其连接凸缘上相距较远处安置两个定位销，并尽量放在不对称位置，以使箱座与箱盖能正确定位。

（2）设计　定位销孔是在箱体剖分面加工完毕并用连接螺栓紧固以后，进行配钻和配铰的。因此，定位销的位置还应考虑到钻、铰孔的方便，且不应妨碍邻近连接螺栓的装拆。

定位销有圆锥形和圆柱形两种结构。为保证重复拆装时定位销与销孔的紧密性和便于定位销的拆卸，应采用圆锥销。定位销的直径一般取 $d=(0.7\sim0.8)d$，d 为连接凸缘螺栓直径。其长度应大于箱盖和箱座连接凸缘的总厚度，以便装拆，如图 4-99 所示。

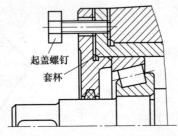

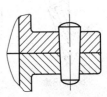

图 4-97　起盖螺钉　　　　图 4-98　安装起盖螺钉　　　　图 4-99　圆锥定位销

7. 起吊装置

（1）作用　为方便搬运减速器或箱盖，应在箱座及箱盖上分别设置起吊装置。起吊装置常直接铸造在箱体表面或采用标准件。

（2）设计　吊环螺钉是标准件，设计时按起吊质量选取，其结构尺寸及减速器参考质量见第八章。吊环螺钉通常用于吊运箱盖，也可用于吊运小型减速器。箱盖安装吊环螺钉处应设置凸台，以使螺钉孔有足够的深度，装配时必须把螺钉完全拧入螺孔，使其台肩抵紧箱盖上的支承面，为此箱盖上的螺钉孔必须局部锪大。如图 4-100 所示，图（c）、（e）所示螺钉孔的工艺性较好。

采用吊环螺钉会使机加工工序增加，欲减少机加工量可在箱盖上直接铸出吊耳。而箱座上更多采用的是直接铸出吊钩，用于吊运箱座或整体减速器。吊耳和吊钩的结构尺寸参照第八章。设计时可根据具体条件进行适当修改。设计时还需注意其布置应与机器重心位置相协调，并避免与其他结构相干涉，如杆式油标、箱座与箱盖连接螺栓等。

8. 油杯

轴承采用脂润滑时，为了方便润滑，有时需在轴承相应部位安装油杯。

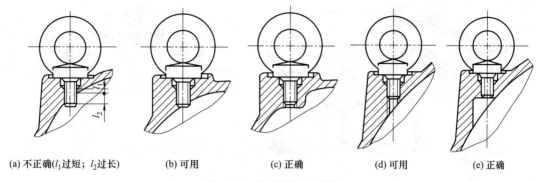

(a) 不正确(l_1过短；l_2过长)　　(b) 可用　　(c) 正确　　(d) 可用　　(e) 正确

图 4-100　吊环螺钉的安装

9. 调整垫片

调整垫片由多片很薄的软金属制成（见图 4-1、图 4-3），用以调整轴承间隙。有的垫片还要起调整传动零件（如蜗轮、圆锥齿轮等）轴向位置的作用。

10. 密封装置

传动零件和滚动轴承的润滑剂选择见本章第七节的"编写技术要求"。

在伸出轴与端盖之间有间隙，必须安装密封件，以防止漏油和污物进入箱体内。密封件多为标准件，其密封效果相差很大，应根据具体情况选用。

按本节内容即可在前两阶段的基础上设计绘制箱体和附件的具体结构，完成装配底图第三阶段的工作。绘制出的图样参见图 4-101～图 4-104 中相应部位。

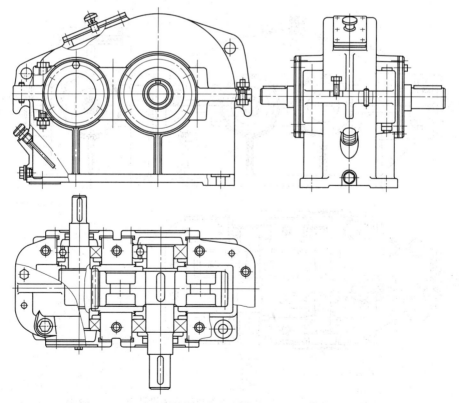

图 4-101　一级圆柱齿轮减速器装配底图设计第二、三阶段

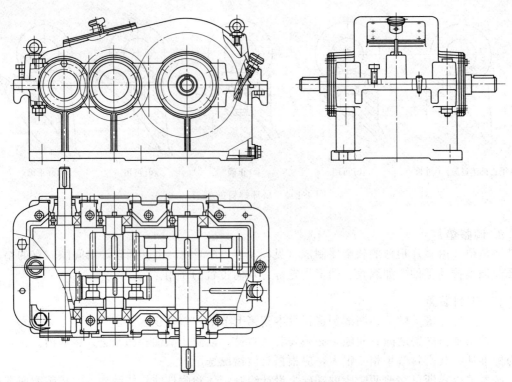

图 4-102　两级圆柱齿轮减速器装配底图设计第二、三阶段

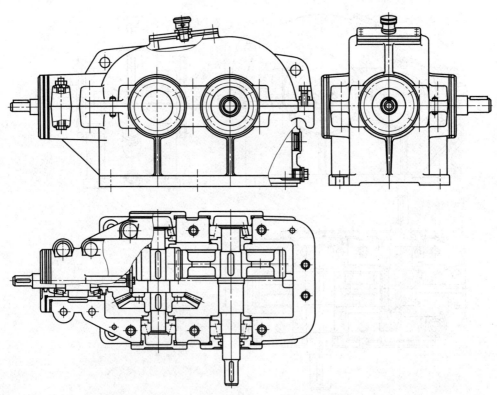

图 4-103　两级圆锥-圆柱齿轮减速器装配底图设计第二、三阶段

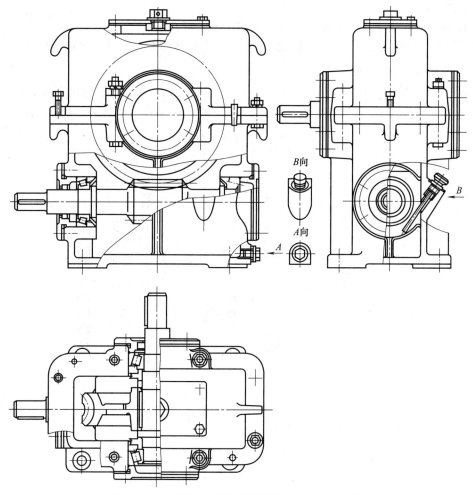

图 4-104　蜗杆减速器装配底图设计第二、三阶段

第六节　装配图的检查及常见错误示例

经前面三个阶段的设计，减速器内外主要零部件结构已经确定，在转入第四阶段工作之前，应对已完成的装配图底图进行检查。检查的主要内容包括以下方面。

1. 装配图的检查

完成装配图设计后，应从以下主要方面进行检查修改：

① 视图的数量是否足够，是否能清楚地表达减速器的结构和装配关系。

② 各零件的结构是否合理，加工、装拆、调整是否可能，维修、润滑是否方便。

③ 四类尺寸标注是否完整正确，配合和精度的选择是否合理，是否与零件图相关尺寸一致，相关零件的尺寸是否符合标准系列。

④ 零件编号是否齐全，有无遗漏或多余。

⑤ 技术要求和技术特性是否完善、正确。

⑥ 标题栏和明细表内所列项目填写是否完备、正确，序号有无遗漏或重复，与零件编

号是否相符。

⑦ 所有文字和数字是否清晰，是否按制图标准书写。

装配图图样经检查及修改后，待画完零件图后再加深描粗，应注意保持图样整洁。

2. 常见错误示例分析

在减速器装配图的绘制过程中，我们常常会出现一些结构设计上的错误或不合理的地方，表 4-7～表 4-12 以正误对比的方式列出了一些常见的错误，希望在设计时能引以为戒。

表 4-7　轴系结构设计正误示例之一

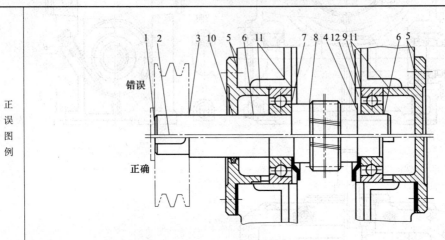

	错误类别	错误编号	说　明
错误分析	轴上零件的定位问题	1	与带轮相配处轴端应短些,否则带轮左侧轴向定位不可靠
		2	带轮未周向定位
		3	带轮右侧没有轴向定位
		4	右端轴承左侧没有轴向定位
	工艺不合理问题	5	无调整垫圈,无法调整轴承游隙;箱体与轴承端盖接合处无凸台
		6	精加工面过长,且装拆轴承不便
		7	定位轴肩过高,影响轴承拆卸
		8	齿根圆小于轴肩,未考虑插齿加工齿轮的要求
		9	右端的角接触球轴承外圈有错,排列方向不对
	润滑与密封问题	10	轴承透盖中未设计密封件,且与轴直接接触,缺少间隙
		11	油沟中的油无法进入轴承,且会经轴承内侧流回箱内
		12	应设计挡油盘,阻挡过多的稀油进入轴承

表 4-8　轴系结构设计正误示例之二

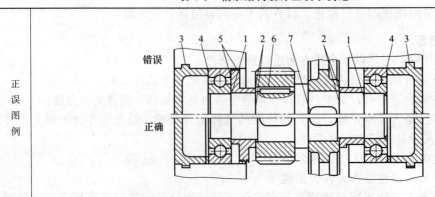

续表

错误类别	错误编号	说　明
错误分析		
轴上零件的定位问题	1	与挡油盘、套筒相配轴段不应与它们相同长,轴承定位不可靠
	2	与齿轮相配轴段应短些,否则齿轮定位不可靠,且挡油盘、套筒定位高度太低,定位、固定不可靠
	3	轴承端盖过定位
工艺不合理问题	4	轴承游隙无法调整,应设计调整环或其他调整装置
	5	挡油盘不能紧靠轴承外圈,与轴承座孔间应有间隙,且其沟槽应露出箱壁一点
	6	两齿轮相配轴段上的键槽位置于同一直线上
	7	键槽太靠近轴肩,易产生应力集中

表 4-9　轴系结构设计正误示例之三

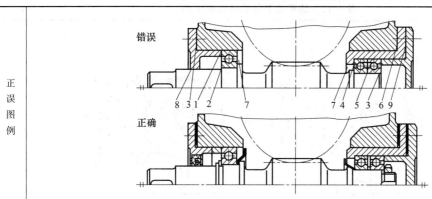

错误类别	错误编号	说　明
错误分析		
轴上零件的定位问题	1	深沟球轴承作为游动轴承时,外圈不应轴向固定,应留间隙
	2	游动轴承内圈左侧未考虑轴向固定
	3	固定支点轴承内圈右侧未考虑轴向固定
工艺不合理问题	4	轴承无法拆卸
	5	两轴承间未加隔圈,轴承间隙无法调整
	6	箱座与套杯间没有垫片,蜗杆轴向位置无法调整
润滑与密封问题	7	未设置挡油盘
	8	轴承透盖未设计密封件,且与轴直接接触
	9	轴承端盖与套杯接合处没有垫片,轴承间隙无法调整

表 4-10　轴系结构设计正误示例之四

正误图例	
	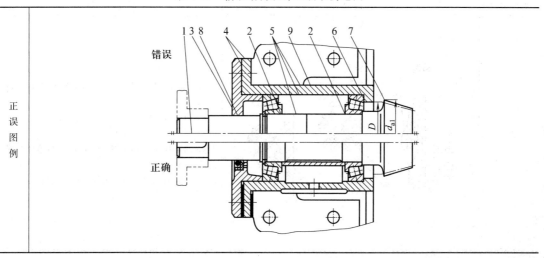

续表

错误类别	错误编号	说　　明
轴上零件的 定位问题	1	联轴器未考虑周向定位
	2	左端轴承内圈右侧、右端轴承左侧没有轴向定位
工艺不合理 问题	3	轴承端盖应减少加工面
	4	轴承游隙及小锥齿轮轴的轴向位置无法调整
	5	轴、套杯精加工面太长
	6	轴承无法拆卸
	7	D 小于锥齿轮轴齿顶圆直径 d_{a1}，轴承装拆很不方便
润滑与密封 问题	8	轴承透盖未设计密封件，且与轴直接接触、无间隙
	9	润滑油无法进入轴承

（错误分析）

表 4-11　轴承座部件设计正误示例

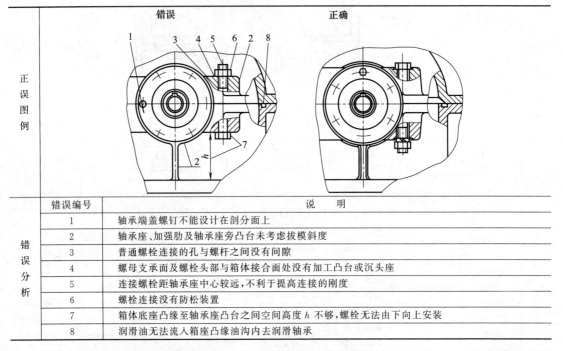

错误编号	说　　明
1	轴承端盖螺钉不能设计在剖分面上
2	轴承座、加强肋及轴承座旁凸台未考虑拔模斜度
3	普通螺栓连接的孔与螺杆之间没有间隙
4	螺母支承面及螺栓头部与箱体接合面处没有加工凸台或沉头座
5	连接螺栓距轴承座中心较远，不利于提高连接的刚度
6	螺栓连接没有防松装置
7	箱体底座凸缘至轴承座凸台之间空间高度 h 不够，螺栓无法由下向上安装
8	润滑油无法流入箱座凸缘油沟内去润滑轴承

（正误图例 / 错误分析）

表 4-12　减速器附件设计正误示例

附件名称	正　误　图　例	错　误　分　析
油标	错误　错误　正确 1　2　3　4　5 最低油面	1. 圆形油标安放位置偏高，无法显示最低油面 2. 油标尺上应有最高、最低油面刻度 3. 螺纹孔螺纹部分太长 4. 油标尺位置不妥，插入、取出时与箱座凸缘产生干涉 5. 安放油标尺的凸台未设计拔模斜度

续表

附件名称	正误图例	错误分析
放油孔及油塞	错误　　　正确	1. 放油孔的位置偏高,使油箱内的机油放不干净 2. 油塞与箱体接触处未设计密封件
窥视孔、视孔盖	错误 正确	1. 视孔盖与箱盖接触处未设计加工凸台,不便于加工 2. 窥视孔太小,且位置偏上,不利于窥视啮合区的情况 3. 视孔盖下无垫片,易漏油
定位销	错误　　　正确	锥销的长度太短,不利于装拆
吊环螺钉	错误　　　正确	吊环螺钉支承面没有凸台,也未锪出沉头座,螺孔口未扩孔,螺钉不能完全拧入;箱盖内表面螺钉处无凸台,加工时易偏钻打刀
螺钉连接	错误　　　正确	弹簧垫圈开口方向反了;较薄的被连接件上孔应大于螺钉直径;螺纹应画细实线;螺钉螺纹长度太短,无法拧到位;钻孔尾端锥角画错了

第七节　完成装配工作图（第四阶段）

完整的装配图应包括：表达机器工作原理、装配关系、零件结构的各个视图,主要尺寸和配合，技术特性和要求，零件编号、明细表和标题栏。经前面三个阶段的设计，各个视图已基本确定，本阶段将完成其他内容。

在装配工作图中某些结构可以采用简化画法。例如，对于相同类型、尺寸、规格的螺栓连接，可以只画一个，其他用中心线表示。螺栓、螺母、滚动轴承可以采用制图标准中规定的简化画法。

剖视图中，对于相邻的不同零件，其剖面线的方向应该不同，以示区别，但一个零件在各视图中的剖面线方向和间隔应一致。对于很薄的零件（如调整垫片），其剖面可以涂黑。

用轻细实线完成装配工作图后，先不要加深，应先转入零件工作图的设计，因设计零件工作图时，如发现某些零件间相对关系或结构不尽合理时，可能还要及时修改装配工作图的底稿，最后再完成装配工作图的加深工作。

1. 标注尺寸

装配图上应标注的尺寸有：

（1）特性尺寸　表示减速器性能、规格、特征的尺寸，如传动零件的中心距及其偏差。

（2）外形尺寸　减速器外形的长、宽、高尺寸，供空间总体布置及包装、运输的需要。

（3）安装尺寸　与减速器相连接的各有关尺寸，如箱体底面尺寸（包括长、宽、厚），地脚螺栓孔中心的定位尺寸，地脚螺栓孔之间的中心距和直径，减速器的中心高度，主动轴与从动轴外伸端的配合长度和直径等。

（4）配合尺寸　凡是对运转性能和传动精度有影响的主要零件的配合处，均应标出基本尺寸、配合性质和精度等级。配合性质和精度的选择对减速器的工作性能、加工工艺及制造成本等有很大影响，应根据手册中有关资料认真确定。另外，配合性质和精度也是选择装配方法的依据。

表 4-13 给出了减速器主要零件的荐用配合，供设计时参考。标注尺寸时，应使尺寸的布置整齐清晰。一般尽量注写在视图外面，避免与图线相混，并尽量集中在能反映主要结构特点的视图上。

表 4-13　减速器主要零件推荐使用的配合

配 合 零 件	荐 用 配 合	装 拆 方 法
大中型减速器的低速级齿轮（蜗轮）与轴的配合，轮缘与轮芯的配合	$\dfrac{H7}{r6}, \dfrac{H7}{s6}$	用压力机或温差法（中等压力的配合，小过盈配合）
一般齿轮、蜗轮、带轮、联轴器与轴的配合	$\dfrac{H7}{r6}$	用压力机（中等压力的配合）
要求对中性良好及很少装拆的齿轮、蜗轮、带轮、联轴器与轴的配合	$\dfrac{H7}{n6}$	用压力机（较紧的过渡配合）
小锥齿轮及较常装拆的齿轮、联轴器与轴的配合	$\dfrac{H7}{m6}, \dfrac{H7}{k6}$	手锤打入（过渡配合）
滚动轴承内圈与轴的配合（内圈旋转）	j6（轻载），k6，m6（中载）	用压力机（实际为过盈配合）
滚动轴承外圈与箱座孔的配合（外圈不转）	H7，H6（精度高时）	木锤或徒手装拆
轴承套杯与箱座孔的配合	$\dfrac{H7}{h6}$	徒手装拆
轴套、溅油轮、封油盘、挡油盘等与轴的配合	$\dfrac{H8}{h8}, \dfrac{H9}{h9}$	
轴承盖与座孔（或套杯孔）的配合	$\dfrac{H8}{h8}, \dfrac{H7}{f9}$	
嵌入式轴承盖的凸缘厚与座孔凹槽之间的配合	$\dfrac{H11}{h11}$	

2. 注明技术特性

应在装配图的适当位置列表写出减速器的技术特性。下面给出了两级圆柱斜齿轮减速器技术特性的示范表。

技术特性

输入功率 /kW	输入转速 /r·min^{-1}	效率 η	总传动 i	传 动 特 性							
				高速级				低速级			
				m_n	z_1/z_2	β	精度等级	m_n	z_1/z_2	β	精度等级

3. 编写技术要求

凡是无法在视图上表达的技术要求，如装配、调整、检验、维护、润滑、试验等内容，均应用文字编写成技术要求，写在图中适当位置，与图面内容同等重要。正确制订技术要求将能保证减速器的工作性能。技术要求通常包括如下几方面的内容。

（1）对零件的要求　装配前所有零件均应用煤油或汽油清洗干净，在配合表面涂上润滑油。箱体内不许有任何杂物存在，箱体内壁应涂上防侵蚀的涂料。

（2）对润滑剂的要求　润滑剂对传动性能有很大影响，起着减少摩擦、降低磨损和散热冷却的作用，同时也有助于减振、防锈及冲洗杂质，所以在技术要求中应标明传动件及轴承所用润滑剂的牌号、用量、补充及更换时间。

选择润滑剂时，应考虑传动类型、载荷性质及运转速度。一般对重载、高速、频繁启动、反复运转等情况，由于形成油膜条件差、温升高，所以应选黏度高、油性和极压性好的润滑油。例如蜗杆减速器，低速重载齿轮传动就属于这种情况。对轻载、间歇工作的传动件可取黏度较低的润滑油。

当传动件与轴承采用同一润滑剂时（两者对润滑剂的要求不同），应优先满足传动件的要求，并适当兼顾轴承的要求。对多级传动，由于高速级和低速级对润滑油黏度的要求不同，选用时可取平均值。

一般齿轮减速器常用 40 号、50 号、70 号等机械油润滑。对中、重型齿轮减速器，可用汽缸油、28 号轧钢机油、齿轮油（HL-20、HL-30）及工业齿轮油、极压齿轮油等润滑。对蜗杆减速器可用机械油、汽缸油、齿轮油及复合型润滑油润滑。

传动件和轴承所用润滑剂的具体选择方法可参考有关手册。换油时间取决于油中杂质多少及氧化与被污染的程度，一般为半年左右。当轴承采用润滑脂润滑时，轴承空隙内润滑脂的填入量与速度有关，若轴承转速 $n<1500r/min$，润滑脂填入量不得超过轴承空隙体积的 2/3；若轴承转速 $n>1500r/min$，则不得超过轴承空隙体积的 1/3～1/2。润滑脂用量过多会使阻力增大，温升提高，影响润滑效果。

（3）对密封的要求　在试运转过程中，所有连接面及外伸轴密封处都不允许渗、漏油。对箱座、箱盖结合面处涂以密封胶或水玻璃密封，不允许加用任何密封垫片。

（4）对安装调整的要求

① 对滚动轴承必须写明安装时应保证的轴向游隙调整范围，因为游隙的大小将影响轴承的正常工作。游隙过大会使滚动体受载不均、轴向窜动；游隙过小则会妨碍轴系因发热而伸长，增加轴承阻力，严重时会将轴承卡死。当轴承支点跨度大、运转温升高时，应取较大的游隙。

当两端固定的轴承结构中采用不可调间隙的轴承（如深沟球轴承）时，可在端盖与轴承外圈端面间留有适当的轴向间隙 Δ（$\Delta=0.25\sim0.4mm$）（图 4-105），以容许轴的热伸长，间隙太小可用垫片调整。其调整方法是，先用端盖将轴承顶紧到轴能够勉强转动，这时基本

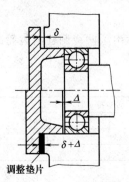

图 4-105　用垫片调整轴向游隙

消除了轴承的轴向间隙，而端盖与轴承座之间有间隙，再用厚度为 Δ 的调整垫片置于端盖与轴承座之间，拧紧螺钉，即可得到需要的间隙 Δ。

对可调间隙的轴承（如角接触球轴承和圆锥滚子轴承），由于其内外圈是分离或可以互相窜动的，所以应仔细调整其游隙。这种游隙一般都较小，以保证轴承刚性和减少噪声、振动。当运转温升小于 20～30℃ 时，游隙 Δ 的推荐值可从手册中查出。

② 对齿轮传动和蜗杆传动应写明啮合侧隙和接触斑点的大小及检验方法，供安装后检验用。侧隙和接触斑点是由传动精度确定的，其数值见后述有关内容。

传动侧隙的检查可以用塞尺或铅片塞进相互啮合的两齿间，然后测量塞尺厚度或铅片变形后的厚度。接触斑点的检查是在主动轮齿面上涂色，当主动轮转动 2～3 周后，观察从动轮齿面的着色情况，由此分析接触区位置及接触面积大小。

当传动侧隙及接触斑点不符合精度要求时，可对齿面进行刮研、跑合或调整传动件的啮合位置。对于圆锥齿轮减速器，可通过垫片调整大小圆锥齿轮位置，使两圆锥齿轮锥顶重合。对于蜗杆减速器可调整蜗轮轴承垫片（一端加垫片、一端减垫片），使蜗杆轴心线通过蜗轮中间平面。

对多级传动，当各级的侧隙和接触斑点要求不同时，应分别在技术要求中写明。

（5）对试验的要求　机器在交付用户前，应根据产品设计要求和规范进行空载和负载试验。进行空载试验，应正、反转各 1h，要求运转平稳、噪声小、各连接固定处不得松动。在额定载荷、转速下进行负载试验时，油池温升不得超过 35℃，轴承温升不得超过 40℃。对蜗杆传动油池温升不超过 85℃，轴承温升不超过 65℃。

（6）对包装、运输和外观的要求　机器出厂前，应按用户要求或相关标准做外部处理。如对外伸轴及其零件需涂油包装严密，机体表面应涂防护漆，运输外包装应注明放置要求，如勿倒置、防水、防潮等，需现场长期或短期储藏时，应对放置环境提出要求等。

4. 零件的编号

为了便于读图、装配及生产准备工作（备料、订货及预算等），必须对装配图上所有零件进行编号，编号引线及写法如图 4-106 所示。零件的编号要完全、不遗漏、不重复。可以对标准件和非标准件统一编号，也可以分别编号，且在标准件前加“B”以示区别。相同零件只能有一个编号。对于独立组件，如滚动轴承、通气器、油标等可用一个编号。对于装配关系清楚的零件组（如螺栓、螺母、垫圈）可写出不同编号共用一个编号引线，如图 4-107所示。编号引线不得相互交叉或与剖面线平行。

图 4-106　零件的编号引线及写法

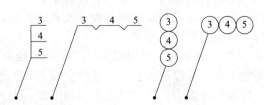

图 4-107　共用一个编号引线

编号应按顺时针或逆时针方向排列整齐，编号字高应比图中所注尺寸的字高大一号或两号。字体高度（mm）规定为 2.5、3.5、5、7、10、14、20 七种。

5. 标题栏及明细表

国家标准规定，每张技术图样中均应有标题栏，并布置在图纸右下角。标题栏中应注明装配图的名称、比例、图号、件数、设计者姓名等。

明细表是减速器所有零件的详细目录，填写明细表的过程也是最后确定材料及标准件的过程。应尽量减少材料的标准件的品种规格。明细表应布置在装配图中标题栏的上方，由下向上填写。标准件必须按照规定的标记，完整地写出零件名称、材料、主要尺寸及标准代号。材料应注明牌号，外购件一般应在备注栏内写明。对各独立部件（如轴承、联轴器）可作为一个零件标注。齿轮必须说明主要参数，如模数、齿数、螺旋角等。

课程设计所用的明细表、装配图标题栏格式可参见表 4-14。

按本节内容即可在前三个阶段的基础上完成减速器装配工作图设计，此时应再次对图纸进行全面检查，待画完零件图再加深描粗。视图应符合国家制图标准，文字和数字要按标准规定的字体格式清晰写出，图纸应保持整洁。

表 4-14　装配图的明细表和标题栏格式（本课程设计用）

明细表

序号	名称	数量	材料	标准	备注
...	...				
05	油标	1		GB 1161—89	组件
04	滚动轴承	2			308，外购
03	螺栓	6	Q235	GB 5782—86	M12×90
02	齿轮	1	45		$m=2, z=120$
01	箱座	1	HT200		

（由序号数量确定）

标题栏

(装配图名称)			图号		第（ ）张
			比例		共（ ）张
设计	(签名)	(日期)	机械设计课程设计		(校名班号)
绘图					
审阅					

第八节　减速器装配图示例

图 4-108 为单级圆柱齿轮减速器（油润滑结构）；图 4-109 为单级圆柱齿轮减速器（脂润滑结构）；图 4-110 为单级圆柱齿轮减速器（嵌入式轴承端盖结构）；图 4-111 为双级圆柱齿轮减速器（一般箱体结构）；图 4-112 为双级圆柱齿轮减速器（方形箱体结构）；图 4-113、图 4-114 为一级蜗杆减速器（下置式结构）；图 4-115 为一级蜗杆减速器（整体式）；图 4-116 为一级蜗杆减速器（上置式）；图 4-117 为一级圆锥齿轮减速器。

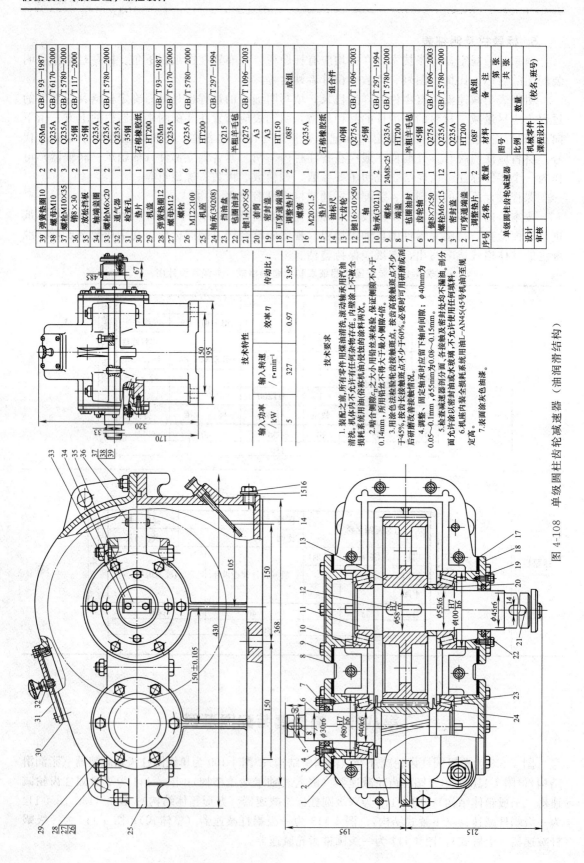

图 4-108　单级圆柱齿轮减速器（油润滑结构）

序号	名称	数量	材料	备注
39	弹簧垫圈10	2	65Mn	GB/T 93—1987
38	螺母M10	2	Q235A	GB/T 6170—2000
37	螺栓M10×35	3	Q235A	GB/T 5780—2000
36	销8×30	2	35钢	GB/T 117—2000
35	放油挡板	1	35钢	
34	轴端挡圈	2	Q235A	
33	螺栓M6×20	1	Q235A	
32	通气器	1	35钢	
31	检查孔	1		
30	垫片	1	石棉橡胶纸	
29	机盖	1	HT200	
28	弹簧垫圈12	6	65Mn	GB/T 93—1987
27	螺母M12	6	Q235A	GB/T 6170—2000
26	螺栓M12×100	6	Q235A	GB/T 5780—2000
25	轴承(30208)	2		
24	挡油盘	2	Q215	
23	毡圈油封	1	半粗羊毛毡	
22	机座	1	HT200	
21	键14×9×56	1	Q275	GB/T 1096—2003
20	套筒	1	A3	
19	密封盖	1	A3	
18	可穿通端盖	1	HT150	
17	调整垫片	2	08F	成组
16	螺塞M20×1.5	1	Q235A	
15	垫片	1	石棉橡胶纸	
14	油标尺	1		
13	大齿轮	1	40钢	
12	键16×10×50	1	Q275A	GB/T 1096—2003
11	轴	1	45钢	
10	轴承(30211)	2		
9	螺栓	24M8×25	Q235A	GB/T 5780—2000
8	端盖	1	HT200	
7	毡圈油封	1	半粗羊毛毡	
6	齿轮轴	1	45钢	
5	键6×7×50	1	Q275A	GB/T 1096—2003
4	螺栓M6×15	12	Q235A	GB/T 5780—2000
3	密封盖	1	Q235A	
2	可穿通端盖	1	HT200	
1	调整垫片	2	08F	成组

单级圆柱齿轮减速器

图号　机械零件
比例　课程设计
（校名、班号）
设计
审核
第　张
共　张

技术特性

输入功率/kW	输入转速/r·min⁻¹	效率η	传动比i
5	327	0.97	3.95

技术要求

1. 装配之前，所有零件用煤油清洗，滚动轴承用汽油清洗。机体内不允许有任何杂物存在。内壁涂上不被油料浸蚀的涂料两次。
2. 啮合侧隙c_n之大小用铅丝检验，保证侧隙不小于0.14mm，所用铅丝不得大于最小侧隙4倍。
3. 用涂色法检验齿轮接触斑点。按齿高接触斑点不少于45%，按齿长接触斑点不少于60%。必要时可用研磨或刮后研磨改善接触情况。
4. 调整，固定轴承端应留下轴向间隙；$\phi40$mm为0.05~0.1mm，$\phi55$mm为0.08~0.15mm。
5. 检查减速器剖分面，各接触面及密封处均不漏油，剖分面允许涂以密封油或水玻璃，不允许使用任何填料。
6. 机座内装全损耗系统用油L—AN45(45号机油)至规定高度。
7. 表面涂灰色油漆。

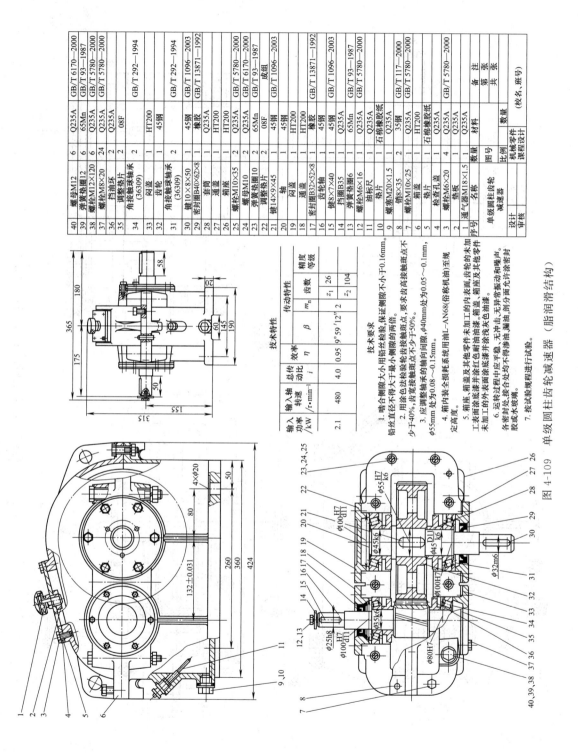

序号	名称	数量	材料	备注
40	螺母M12	6	Q235A	GB/T 6170—2000
39	弹簧垫圈12	6	65Mn	GB/T 93—1987
38	螺栓M12×120	6	Q235A	GB/T 5780—2000
37	螺栓M8×20	24	Q235A	GB/T 5780—2000
36	挡油环	2		
35	调整垫片	2	08F	
34	角接触球轴承(36309)	2		GB/T 292—1994
33	闷盖	1	HT200	
32	齿轮	2		GB/T 292—1994
31	角接触球轴承(36309)	1		
30	键10×8×50	1	45钢	GB/T 1096—2003
29	密封圈B40×62×8	1	橡胶	GB/T 13871—1992
28	套筒	1	Q235A	
27	通盖	1	HT200	
26	箱座	1	HT200	
25	螺栓M10×35	2	Q235A	GB/T 5780—2000
24	螺母M10	2	Q235A	GB/T 6170—2000
23	弹簧垫圈10	2	65Mn	GB/T 93—1987
22	调整垫片	1	08F	成组
21	键14×9×45	1	45钢	GB/T 1096—2003
20	轴	1	45钢	
19	闷盖	1	HT200	
18	通盖	1	HT200	
17	密封圈B32×52×8	1	橡胶	GB/T 13871—1992
16	齿轮轴	1	45钢	
15	键8×7×40	1	45钢	GB/T 1096—2003
14	挡油环	2		
13	弹簧垫圈6	1	65Mn	GB/T 93—1987
12	螺栓M6×16	1	Q235A	GB/T 5780—2000
11	油标尺	1		
10	垫片	1	石棉橡胶纸	
9	检查孔盖	1	35钢	
8	螺塞M20×1.5	1	Q235A	GB/T 117—2000
7	螺塞M10×25	2	Q235A	GB/T 5780—2000
6	箱盖	1	HT200	
5	垫片	1	石棉橡胶纸	
4	检查孔盖	4	Q235A	
3	螺栓M6×16	1	Q235A	GB/T 5780—2000
2	垫板	1	Q235A	
1	通气器M18×1.5	1	Q235A	GB/T 5780—2000
序号	名称	数量	材料	备注

图号			比例		第　张
机械零件 课程设计		单级圆柱齿轮 减速器			共　张
设计					（校名、班号）
审核					

传动特性

输入 功率 /kW	输入轴 转速 /r·min⁻¹	总传 动比 i	效率 η	β	m_n	精度 等级	齿数
2.1	480	4.0	0.95	9°59′12″	2	26	z_1 26
							z_2 104

技术要求

1. 啮合侧隙大小用铅丝检验齿轮的侧隙，保证侧隙不小于0.16mm。铅丝直径不得大于最小侧隙的两倍。

2. 用涂色法检验轮齿接触斑点，要求沿齿高接触斑点不少于40%，沿齿宽接触斑点不少于50%。

3. 应调整轴承的轴向间隙，φ40mm处为0.05～0.1mm，φ55mm处为0.08～0.15mm。

4. 箱内装全损耗系统用油L-AN68(旧称机油)油至规定高度。

5. 箱座、箱盖及其他零件未加工的内表面涂底漆和面漆，工作面涂底漆并涂红色耐油油漆，箱盖、箱座及其他零件未加工的外表面涂底漆并涂浅灰色油漆。

6. 运转过程中应平稳，无噪声，无异常振动和噪声。

7. 按试验规程进行试验。

各密封处、接合面处均不得漏油，剖分面允许涂密封胶或水玻璃。

图 4-109　单级圆柱齿轮减速器（脂润滑结构）

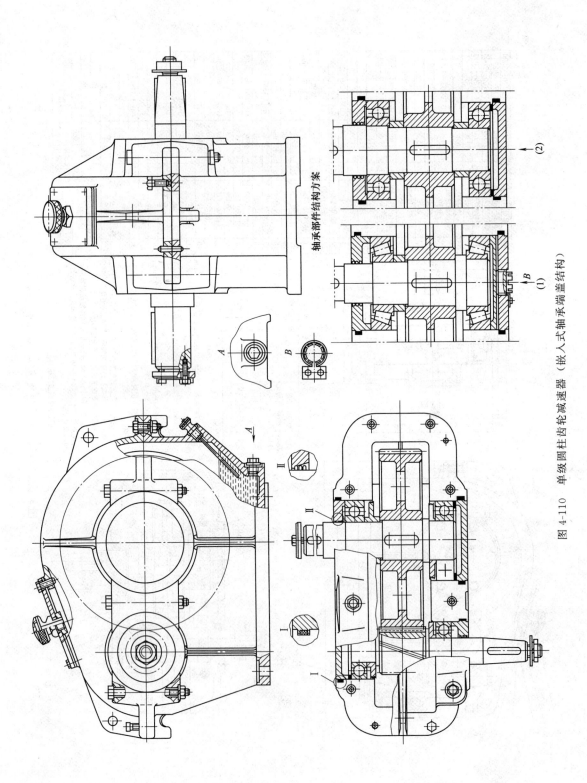

轴承部件结构方案

(2)

B
(1)

A

B

II

II

I

图 4-110　单级圆柱齿轮减速器（嵌入式轴承端盖结构）

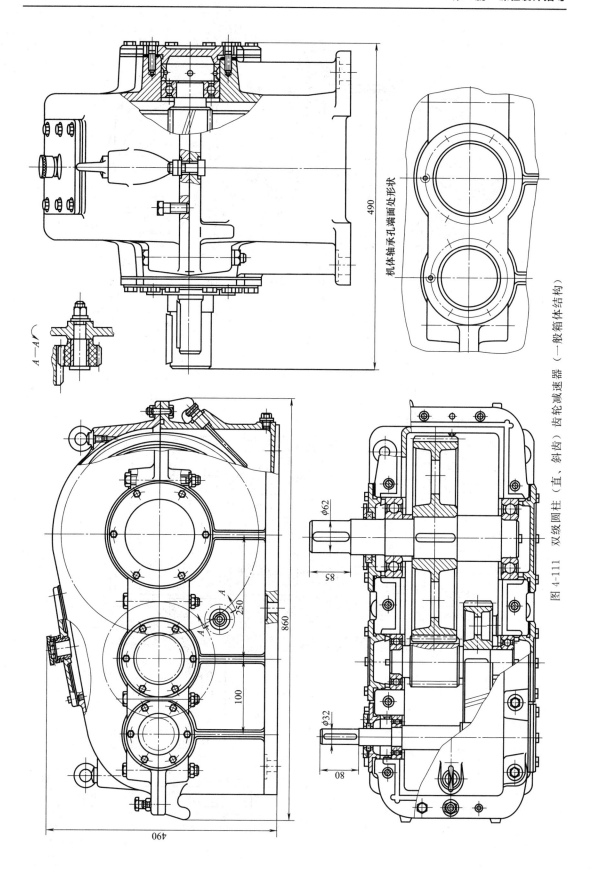

机体轴承孔端面处形状

$A-A$

490

ϕ62

85

250

860

100

490

ϕ32

80

图 4-111 双级圆柱（直、斜齿）齿轮减速器（一般箱体结构）

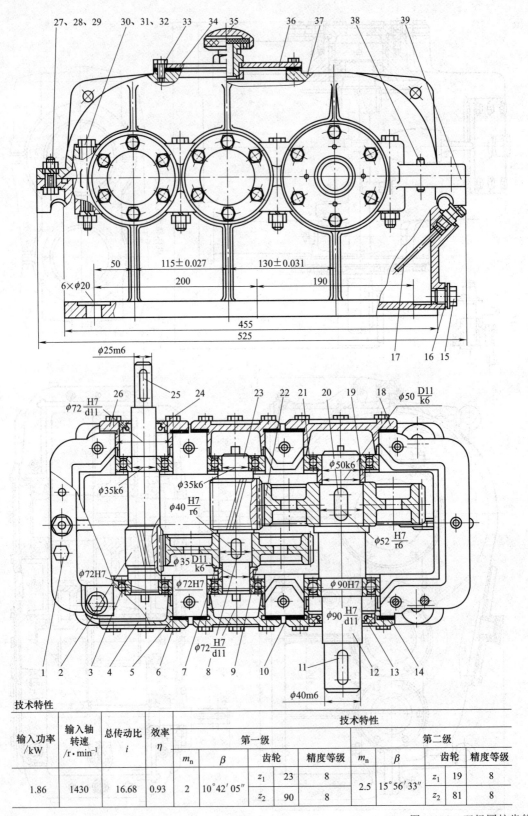

技术特性

输入功率 /kW	输入轴转速 /r·min⁻¹	总传动比 i	效率 η	技术特性								
				第一级				第二级				
				m_n	β	齿轮		精度等级	m_n	β	齿轮		精度等级
1.86	1430	16.68	0.93	2	10°42′05″	z_1	23	8	2.5	15°56′33″	z_1	19	8
						z_2	90	8			z_2	81	8

图 4-112　双级圆柱齿轮

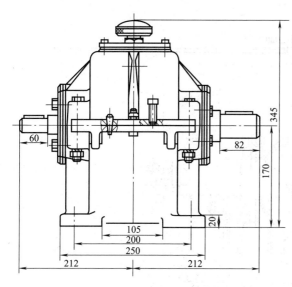

技术要求

1. 装配前箱体与其他铸件不加工面应清理干净，除去毛边、毛刺，并浸涂防锈漆。

2. 零件在装配前应用煤油清洗，轴承用汽油清洗干净，晾干后表面应涂油。

3. 齿轮装配后应用涂色法检查接触斑点，圆柱齿轮沿齿高不小于40%，沿齿长不小于50%。

4. 调整、固定轴承时应留有轴向间隙0.2～0.5mm。

5. 箱内装全损耗系统用油L-AN68(俗称机油)至规定高度。

6. 箱体内壁涂耐油油漆，减速器外表面涂灰色油漆。

7. 减速器剖分面、各接触面及密封处均不允许漏油，箱体剖分面应涂以密封胶或水玻璃，不允许使用其他任何填充料。

8. 按试验规程进行试验。

39	箱座	1	HT150	
38	销8×35	2	35钢	GB/T 117—2000
37	箱盖	1	HT150	
36	检查孔盖	1	Q235A	
35	通气器	1	Q235A	
34	垫片	1	软钢纸板	
33	螺栓M6×20	6	Q235A	GB/T 5780—2000
32	螺母M12	8	Q235A	GB/T 6170—2000
31	弹簧垫圈12	8	65Mn	GB/T 93—1987
30	螺栓M12×110	8	Q235A	GB/T 5780—2000
29	螺母M10	2	Q235A	GB/T 6170—2000
28	弹簧垫圈10	2	65Mn	GB/T 93—1987
27	螺栓M10×35	2	Q235A	GB/T 5780—2000
26	轴承端盖	1	HT150	
25	键8×7×45	1	45钢	GB/T 1096—1979
24	密封圈B32×52×8	1	橡胶	GB/T 13871—1992
23	齿轮轴	1	45钢	
22	齿轮	1	45钢	
21	深沟球轴承(6210)	2		GB/T 276—1994
20	键8×7×45	1	45钢	GB/T 1096—2003
19	套筒	1	Q235A	
18	闷盖	1	HT150	
17	油标尺	1	Q235A	
16	垫片	1	石棉橡胶纸	
15	螺塞M20×1.5	1	Q235A	
14	通盖	1	HT150	
13	密封圈B45×65×8	1	橡胶	GB/T 13871—1992
12	轴	1	45钢	
11	键12×8×50	1		GB/T 1096—2003
10	调整垫片	2	08F	成组
9	齿轮	1	45钢	
8	键12×8×28	1	45钢	GB/T 1096—2003
7	套筒	1	45钢	
6	螺栓M8×20	36	Q235A	GB/T 5780—2000
5	调整垫片	4	08F	成组
4	闷盖	3	HT150	
3	深沟球轴承(6207)	4		GB/T 276—1994
2	齿轮轴	1	45钢	
1	螺栓M10×30	1	Q235A	GB/T 5780—2000
序号	名称	数量	材料	备注

双级圆柱齿轮减速器		图号		第　张
				共　张
		比例	数量	
设计		机械零件		(校名、班号)
审核		课程设计		

减速器（方形箱体结构）

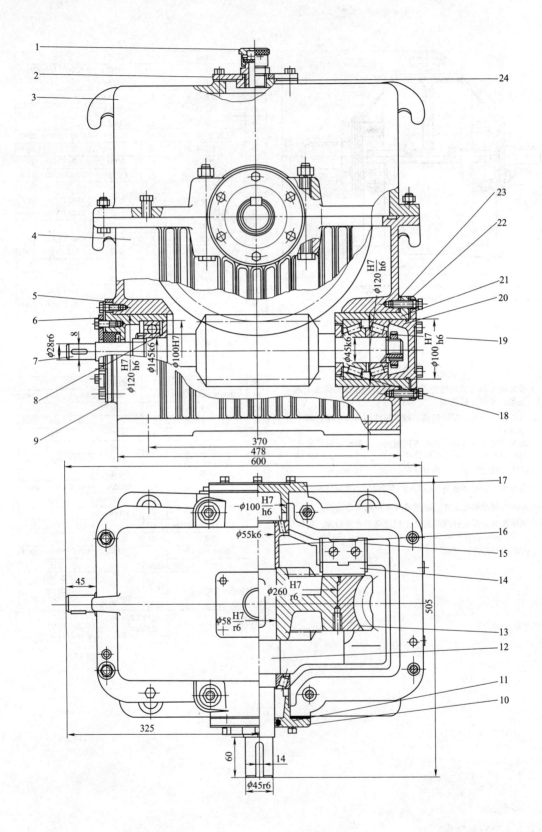

图 4-113　一级蜗杆减

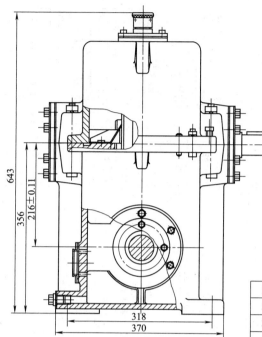

技术参数		
输入功率	P_1	4kW
主动轴转速	n_1	1500r/min
传动效率	η	82%
传动比	i	28

技术要求

1. 装配前所有零件均用煤油清洗，滚动轴承用汽油清洗。
2. 各配合处、密封处、螺钉连接处用润滑脂润滑。
3. 保证啮合侧隙不小于0.19mm。
4. 接触斑点按齿高不得小于50%，按齿长不得小于50%。
5. 蜗杆轴承的轴向间隙为0.04～0.07mm，蜗轮轴承的轴向间隙为0.05～0.1mm。
6. 箱内装SH0094—91蜗轮蜗杆油680号至规定高度。
7. 未加工外表面涂灰色油漆，内表面涂红色耐油漆。

24	垫片	1	石棉橡胶纸	
23	调整垫片	1组	08F	
22	调整垫片	1组	08F	
21	套杯	1	HT150	
20	轴承端盖	1	HT150	
19	挡圈	1	Q235A	
18	挡油环	1	Q235A	
17	轴承端盖	1	HT150	
16	套筒	1	Q235A	
15	油盘	1	Q235A	
14	刮油板	1	Q235A	
13	蜗轮	1		组件
12	轴	1	45	
11	调整垫片	2组	08F	
10	轴承端盖	1	HT150	
9	密封垫片	1	08F	
8	挡油环	1	Q235A	
7	蜗杆轴	1	45	
6	压板	1	Q235A	
5	套杯端盖	1	HT150	
4	箱座	1	HT200	
3	箱盖	1	HT200	
2	窥视孔盖	1	Q235A	组件
1	通气器	1		组件
序号	名称	数量	材料	备注

(标题栏)

速器（下置式结构）（一）

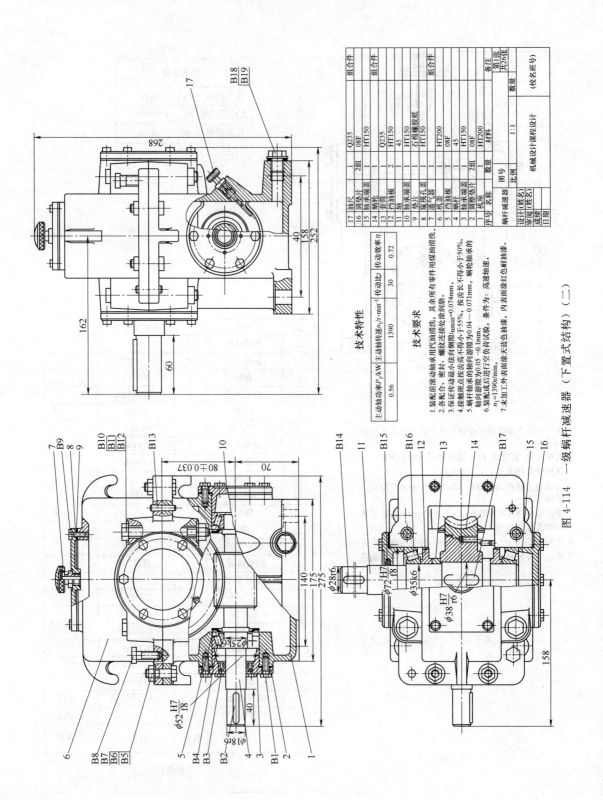

技术特性

主动轴功率P_1/kW	主动轴转速n_1/r·min⁻¹	传动比	传动效率η
0.56	1390	30	0.72

技术要求

1. 装配前滚动轴承用汽油清洗，其余所有零件用煤油清洗。
2. 各配合、密封、螺纹连接处处涂润滑脂。
3. 保证传动啮合侧间隙j_{nmin}×mm²=0.074mm。
4. 接触斑点按齿高不得小于50%，按齿长不得小于50%。
5. 蜗杆轴承的轴向游隙为0.04～0.071mm，蜗轮轴承的轴向游隙为0.05～0.1mm。
6. 装配后进行空负荷试验，条件为：高速轴速，n_1=1390r/min。
7. 未加工外表面涂天蓝色油漆，内表面涂红色耐油漆。

序号	名称	数量	材料	备注
17	油尺	1	Q235	组合件
16	调垫片	2组	08F	
15	轴承端盖	1	HT150	
14	蜗轮	1	Q235	组合件
13	套筒	2	HT150	
12	挡油板	1	45	
11	轴	2	HT150	
10	轴承端盖	1	HT150	组合件
9	垫片	1	石棉橡胶纸	
8	窥视孔盖	1	HT150	
7	通气器	1	HT200	
6	机盖	1	08F	
5	挡油板	1	45	
4	蜗杆	1	HT150	
3	轴承端盖	2组	08F	
2	调整垫片	1	HT200	
1	机座			

机械设计课程设计

	比例	1:1	第1张
蜗杆减速器	图号		共26张
设计(签名)			(校名班号)
审阅(签名)			
成绩			
日期			

图 4-114 一级蜗杆减速器（下置式结构）（二）

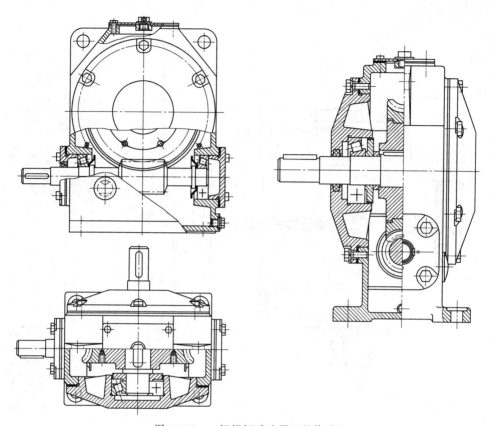

图 4-115　一级蜗杆减速器（整体式）

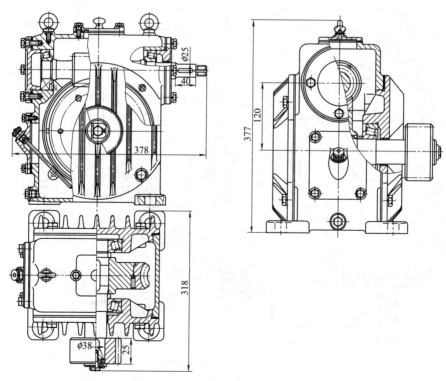

图 4-116　一级蜗杆减速器（上置式）

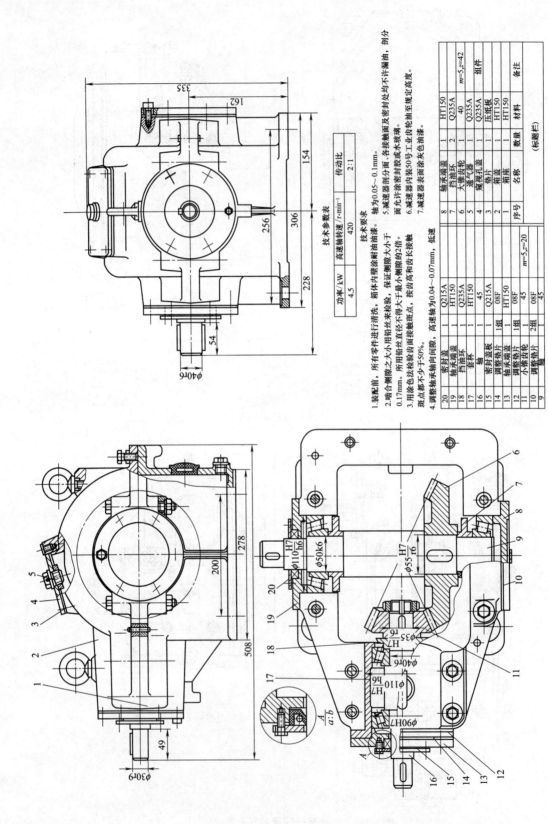

技术参数表

功率/kW	高速轴转速/r·min⁻¹	传动比
4.5	420	2:1

技术要求

1. 装配前，所有零件进行清洗，箱体内壁涂耐油油漆。
2. 啮合侧隙之大小用铅丝来检验，保证侧隙大小于0.17mm，所用铅丝直径不得大于最小侧隙的2倍。
3. 用涂色法检验齿面接触斑点，按齿高和齿长接触斑点都不少于50%。
4. 调整轴向间隙，高速轴为0.04～0.07mm，低速轴为0.05～0.1mm，各接触面及密封处均不许漏油，剖分面允许涂密封胶或水玻璃。
5. 减速器剖分面、各接触面及密封处均不许漏油，剖分面允许涂密封胶或水玻璃。
6. 减速器内装50号工业齿轮油至规定高度。
7. 减速器表面涂灰色油漆。

20	密封盖	1	Q215A			
19	轴承端盖	1	HT150			
18	挡油环	1	Q235A			
17	套杯	1	HT150			
16	轴	1	45	$m=5, z=20$		
15	密封盖板	1	Q215A			
14	调整垫片	1组	08F			
13	轴承端盖	1	HT150			
12	调整垫片	1组	08F			
11	小锥齿轮	1	45			
10	调整垫片	2组	08F			
9	轴	1	45			

序号	名称	数量	材料		组件	备注
8	轴承端盖	1	HT150			
7	挡油环	2	Q235A			
6	大锥齿轮	1	40	$m=5, z=42$		
5	轴承盖	1	Q235A			
4	窥视孔盖	1	压纸板			
3	垫片	1	HT150			
2	箱盖	1	HT150			
1	箱座	1				
序号	名称	数量	材料			备注

（标题栏）

图 4-117　一级圆锥齿轮减速器

第 五 章

零件工作图设计

零件工作图是零件制造、检验和制订工艺规程的主要技术文件。它既要反映出设计意图，又要考虑到制造的可能性和合理性。因此工作图应完整、清楚地表达零件的结构尺寸及其公差、形位公差、表面粗糙度、对材料及热处理的说明及其技术要求、标题栏等。

第一节 零件工作图的要求

1. 正确选择视图

每个零件必须单独绘制在一个标准图幅中，尽量采用 1∶1 比例画图。视图的选择应能清楚正确地表达出零件各部分结构形状及尺寸，对于细部结构（如倒角、圆角、退刀槽等），如有必要可放大绘制局部视图。

在视图中所表达的零件结构形状，应与装配图一致，不应随意改动，如必须改动，则装配图一般也要作相应的修改。

2. 标注尺寸及公差

注意正确选择尺寸基准面，应尽可能与设计基准、工艺基准和检验基准一致，以利于零件的加工和检验。尺寸标注要做到清晰合理、不遗漏、不重复、也不封闭，要便于零件的加工和检验，避免在加工过程中作换算。零件的大部分尺寸尽量标注在最能反映该零件结构特征的一个视图上。

零件工作图上所有配合处尺寸和精度要求较高的尺寸，应根据装配图中已经确定了的配合和精度等级，标注尺寸的极限偏差。自由尺寸的公差一般可不标。

3. 标注形位公差

零件工作图上应注明必要的形位公差，它是评定零件加工质量的重要指标之一。对各种零件工作性能的要求不同，则注明的形位公差项目和精度等级也应不同。其具体数值及标注方法可参考有关手册或图册。

另外，形位公差值也可用类比法或计算法确定，一般凭经验类比。但要注意各公差值的协调，应使 $T_{形状} < T_{位置} < T_{尺寸}$。对于配合面，当缺乏具体推荐值时，通常可取形位公差为尺寸公差的 $25\% \sim 63\%$。

4. 表面粗糙度

零件的所有加工表面都应注明表面粗糙度数值。遇有较多的表面采用相同的表面粗糙度数值时，为了简便起见可集中标注在图纸的右上角，并加"其余"字样，但只允许就其中使用最多的一种表面粗糙度如此标注。表面粗糙度的选择，可参看有关手册，在保证正常工作的条件下，尽量选择数值较大者，以利于加工和降低加工费用。

5. 传动零件的啮合特性表

对于齿轮、蜗轮类零件，由于其参数及误差检验项目较多，应在图纸右上角列出啮合特性表，标注主要参数、精度等级及误差检验项目等。

6. 编写技术要求

凡不便在图面上使用图形或符号注明，而在制造和检验时又必须保证的条件和要求，均可用文字简明扼要地写在技术要求中。技术要求的内容根据不同的零件、不同要求及不同的加工方法而有所不同，一般包括：

（1）对材料的力学性能和化学成分的要求　对主要零件如轴、齿轮等零件的机械性能和化学成分的不同要求等。

（2）对铸造或锻造毛坯的要求　如毛坯表面不允许有氧化皮或毛刺，箱体铸件在机加工前必须经时效处理等。

（3）对零件性能的要求　如热处理方法及热处理后表面硬度、淬火深度及渗碳深度等。

（4）对加工的要求　如是否与其他零件一起配合加工（配钻或配铰）等。

（5）其他要求　如对未注明的倒角、圆角的说明；对零件个别部位的修饰加工要求，如对某表面要求涂色、镀铬等；对于高速、大尺寸的回转零件的平衡试验要求等。

7. 标题栏

在图纸的右下角画出标题栏，并将零件名称、材料、零件号、数量及绘图比例等准确无误地填写在标题栏中，其规格尺寸如图 5-1 所示。

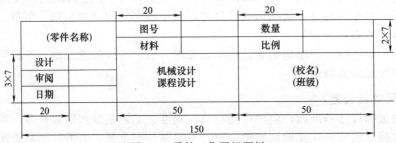

图 5-1　零件工作图标题栏

第二节　轴类零件工作图的设计和绘制

一、视图选择

一般只需一个视图，即将轴线横置，一般键槽面朝上。在有键槽、孔的地方，增加必要剖视图或剖面图。对不易表达清楚的局部（如退刀槽、砂轮越程槽、中心孔等），必要时可绘制局部放大图，如图 5-4 所示。

二、尺寸及公差标注

（1）径向尺寸　各轴段的直径必须逐一标注，即使直径完全相同的不同轴段也不能省略。对于有配合要求的直径，应按装配图中的配合类型标注尺寸偏差。各段之间的过渡圆角或倒角等细部结构的尺寸也应标出（或在技术要求中加以说明）。

（2）轴向尺寸　首先应正确选择基准面，尽可能使尺寸标注符合加工工艺和测量要求，根据设计和工艺要求确定主要基准和辅助基准，不允许出现封闭尺寸链。图 5-2 所示轴的轴向尺寸标注以齿轮定位轴肩（Ⅱ）为主要基准，以轴承定位轴肩（Ⅲ）及两端面（Ⅰ、Ⅳ）为辅助基准，其标注方法基本上与轴在车床上加工顺序相符合，图中选最不重要的轴段的轴向尺寸作为尺寸的封闭环而不注出。轴的轴向尺寸一般不标注尺寸公差。

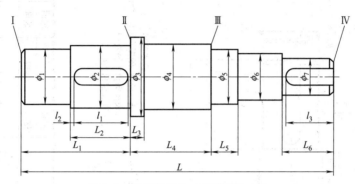

图 5-2　轴的长度尺寸正确标注方法

图 5-3 所示为两种错误的标注方法：图 5-3（a）的标注与实际加工顺序不符，既不便测量又降低了其中要求较高的轴段长度 L_2、L_4、L_6 的精度；图 5-3（b）的标注使其首尾相接，不利于保证轴的总长度尺寸精度。

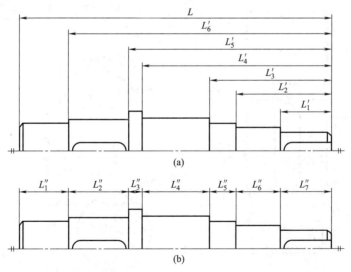

(a)

(b)

图 5-3　轴的长度尺寸错误标注方法

（3）键槽尺寸　键槽尺寸及偏差的标注方法见教材上相关的内容。另外在标注键槽尺寸时，除标注键槽长度尺寸外，还应注意标注键槽的定位尺寸 l_2，如图 5-2 所示。

三、形位公差

轴的重要表面应标注形位公差，以保证轴的加工精度。普通减速器中，轴类零件推荐标注项目参考表 5-1 选取，标注方法如图 5-4 所示。

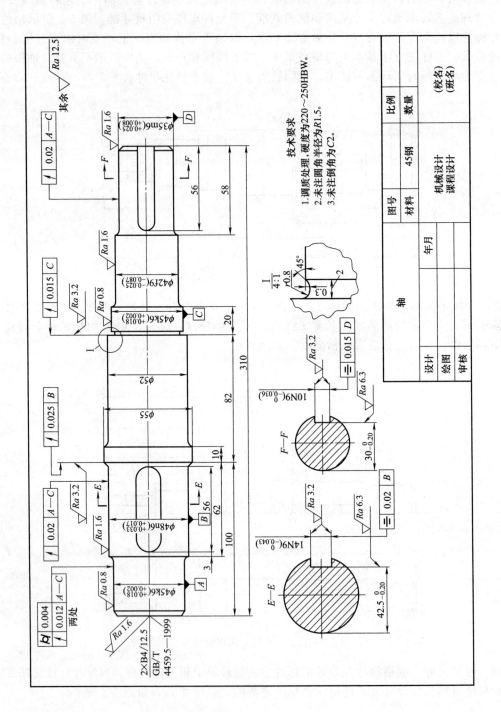

图 5-4　阶梯轴的零件工作图

表 5-1　轴类零件形位公差推荐项目

公差类别	标 注 项 目		符 号	公差等级	对工作性能的影响
形状公差	与传动零件相配合的圆柱表面	圆柱度	β	7～8	影响传动零件及滚动轴承与轴配合的松紧、对中性及几何回转精度
	与滚动轴承相配合的轴颈表面			6	
位置公差	与传动零件相配合的圆柱表面	径向圆跳动	∕	6～8	影响传动零件及滚动轴承的回转同心度
	与滚动轴承相配合的轴颈表面			5～6	
	滚动轴承的定位端面	垂直度或端面圆跳动	⊥ 或 ∕	6	影响传动零件及轴承的定位及受载均匀性
	齿轮、联轴器等零件的定位端面			6～8	
	平键键槽两侧面	对称度	=	7～9	影响键的受载均匀性及装拆难易程度

四、表面粗糙度

轴的各个表面都要加工，故各表面都应注明表面粗糙度。其表面粗糙度可见表 5-2，标注方法如图 5-4 所示。

表 5-2　轴加工表面粗糙度荐用值

加 工 表 面		表面粗糙度 Ra 的推荐值/μm		
与滚动轴承相配合的	轴颈表面	0.8(轴承内径 $d \leqslant 80mm$)；1.6(轴承内径 $d > 80mm$)		
	轴肩端面	1.6		
与传动零件、联轴器相配合的	轴头表面	1.6～0.8		
	轴肩端面	3.2～1.6		
平键键槽的	工作面	6.3～3.2,3.2～1.6		
	非工作面	12.5～6.3		
密封轴段表面	毡圈密封	橡胶密封		间隙或迷宫密封
	与轴接触处的圆周速度/(m/s)			3.2～1.6
	$\leqslant 3$	$> 3 \sim 5$	$> 5 \sim 10$	
	3.2～1.6	0.8～0.4	0.4～0.2	

五、技术要求

轴类零件的技术要求主要包括：

（1）对材料和热处理的要求（如热处理方法、热处理后的表面硬度等）。

（2）对加工的要求（如是否保留中心孔等）。

（3）对图中未注明的倒角、圆角的说明。

（4）其他特殊要求（如个别部位有修饰加工要求，对长轴应校直毛坯等要求）。

第三节　齿轮类零件工作图的设计和绘制

一、视图选择

一般用两个视图表示。主视图通常采用通过轴线的全剖或半剖视图，左视图可采用表达毂孔和键槽的形状、尺寸为主的局部视图，如图 5-5 所示。

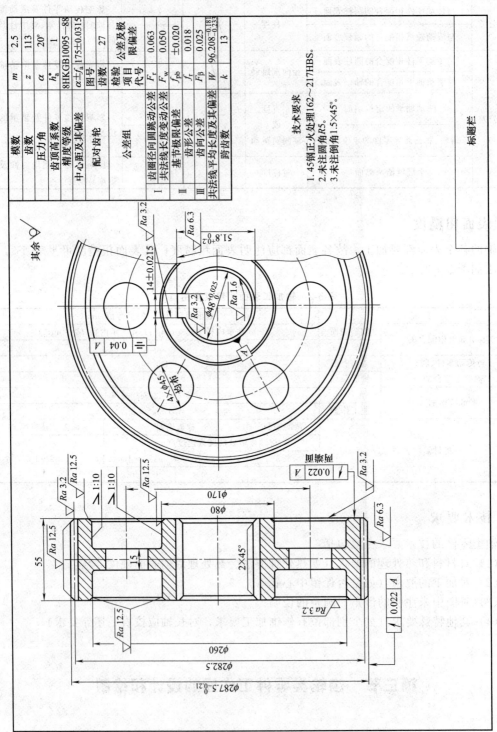

模数	m	2.5		
齿数	z	113		
压力角	α	20°		
齿顶高系数	h_a^*	1		
精度等级	8HKGB10095—88			
中心距及其偏差	$a\pm f_a$	175±0.0315		
配对齿轮	图号			
	齿数	27		
公差组	检验项目代号	公差及极限偏差		
I	齿圈径向圆跳动公差	F_r	0.063	
II	公法线长度变动公差	F_w	0.050	
	基节极限偏差	f_{pb}	±0.020	
	齿形公差	f_f	0.018	
III	齿向公差	F_β	0.025	
	公法线平均长度及其偏差	W	96.208$^{-0.18}_{-0.233}$	
	跨测齿数	k	13	

技术要求

1. 45钢调正火处理162～217HBS。
2. 未注圆角R5。
3. 未注倒角1.5×45°。

其余 ∇

图 5-5　圆柱齿轮零件工作图

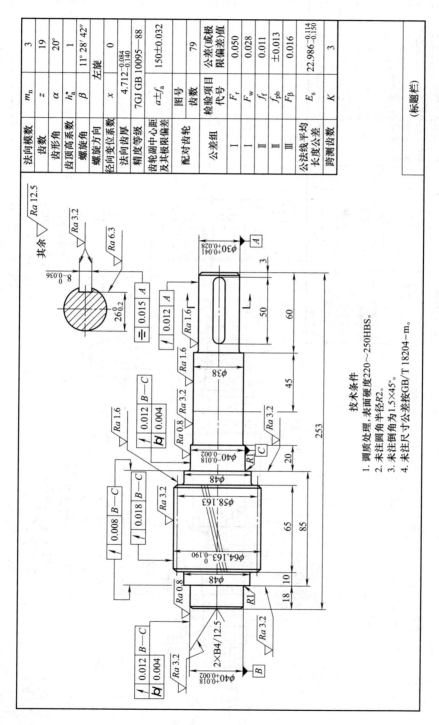

法向模数	m_n		3
齿数	z		19
齿形角	α		20°
齿顶高系数	h_a^*		1
螺旋角	β		11°28′42″
径向变位系数	x		0
螺旋方向		左旋	
法向齿厚			$4.712^{-0.084}_{-0.140}$
精度等级		7GJ GB 10095—88	
齿轮副中心距 及其极限偏差	$a \pm f_a$		150±0.032
配对齿轮	图号		
	齿数		79
公差组	检验项目 代号		公差(或极 限偏差)值
Ⅰ	F_r		0.050
Ⅰ	F_w		0.028
Ⅱ	f_f		0.011
Ⅱ	f_{pb}		±0.013
Ⅲ	F_β		0.016
公法线平均 长度公差	E_s		$22.986^{-0.114}_{-0.150}$
跨测齿数	K		3

(标题栏)

技术条件

1. 调质处理,表面硬度220～250HBS。
2. 未注圆角半径R2。
3. 未注倒角为1.5×45°。
4. 未注尺寸公差按GB/T 18204−m。

图 5-6 圆柱齿轮轴零件工作图

轴向模数	m_x	8	轴向齿距	P_x	25.12
蜗杆头数	z_1	2	相啮合蜗轮图号		
轴向齿形角	α	20°	中心距及其偏差		179.5±0.05
齿顶高系数	h_a^*	1	轴向齿距极限偏差	f_{px}	±0.025
顶隙系数	c^*	0.2	轴向齿距累积误差	f_{pxL}	±0.045
蜗杆直径系数	q	7.875	蜗杆齿形公差	f_{f1}	±0.040
蜗杆类型		ZA	蜗杆螺牙径向跳动公差	f_r	±0.025
蜗杆导程角	γ	14°15′00″		h_a	8
精度等级		蜗杆 8c GB 10089—88		S_x	$12.56_{-0.302}^{-0.201}$
螺线方向		右旋		S_n	$12.19_{-0.302}^{-0.201}$
分度圆直径	d_1	63			
全齿高	h	17.6	蜗杆轴向、法向齿厚		

其余 $\sqrt{Ra\,12.5}$

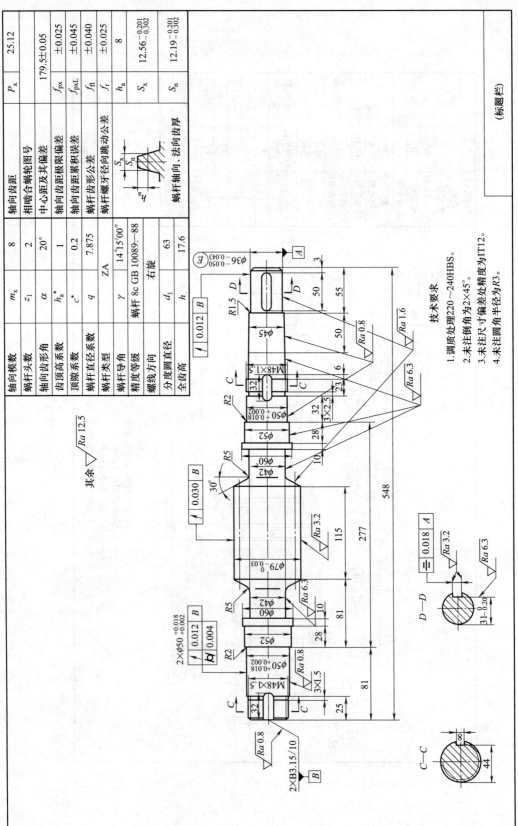

图 5-7　蜗杆零件工作图

（标题栏）

技术要求
1. 调质处理220～240HBS。
2. 未注倒角为2×45°。
3. 未注尺寸偏差处精度为IT12。
4. 未注圆角半径为R3。

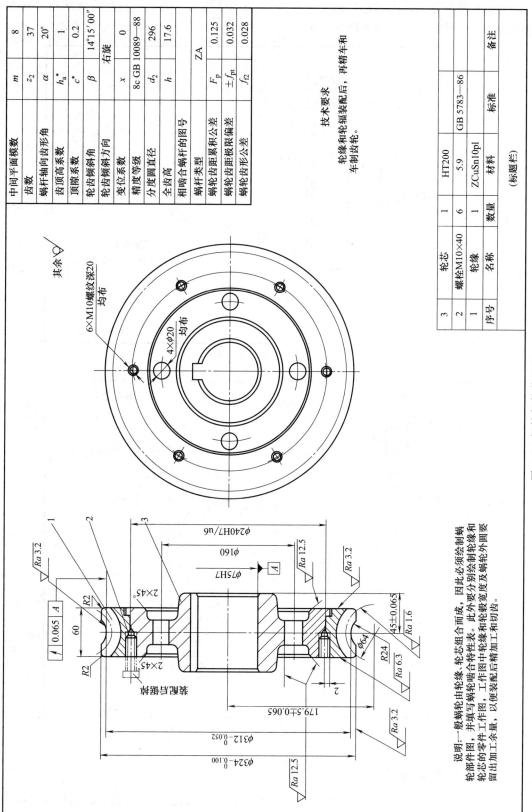

中间平面模数	m	8
齿数	z_2	37
蜗杆轴向齿形角	α	20°
齿顶高系数	h_a^*	1
顶隙系数	c^*	0.2
轮齿倾斜角	β	14°15′00″
轮齿倾斜方向		右旋
变位系数	x	0
精度等级		8c GB 10089—88
分度圆直径	d_2	296
全齿高	h	17.6
相啮合蜗杆的图号		
蜗杆类型		ZA
蜗轮齿距累积公差	F_p	0.125
蜗轮齿距极限偏差	$\pm f_{pt}$	0.032
蜗轮齿形公差	f_{f2}	0.028

技术要求

轮缘和轮辐装配后，再精车和
车制齿轮。

3	轮芯	1	HT200		
2	螺栓M10×40	6		GB 5783—86	标准
1	轮缘	1	ZCuSn10p1		
序号	名称	数量	材料	标准	备注

(标题栏)

其余 $\sqrt{}$

6×M10螺纹深20
均布

4×ϕ20 均布

ϕ240H7/u6
ϕ160
ϕ75H7

A

$\boxed{Ra\ 12.5}$

$Ra\ 3.2$

$\boxed{/\ |\ 0.065\ |\ A}$

A

2×45°

R2

R2

R2

60

R24

ϕ64

2

2×45°

45±0.065

$Ra\ 1.6$

$Ra\ 6.3$

保留加工余量

179.5±0.065

$Ra\ 3.2$

$\phi312_{-0.052}^{0}$

$\phi324_{-0.100}^{0}$

$Ra\ 12.5$

说明：一般蜗轮由轮缘、轮芯组合而成，因此必须绘制蜗
轮部件图，并填写蜗轮啮合面特性表。此外要分别绘制轮缘和
轮芯的零件工作图，工作图中轮缘和轮毂宽度及蜗轮外圆要
留出加工余量，以便装配后精加工和切齿。

图 5-8 蜗轮部件装配图

齿轮轴与蜗杆轴按轴类零件绘制，如图 5-6、图 5-7 所示。若蜗轮为组合式结构，则需分别画出齿圈、轮体的零件图及蜗轮的组件图，如图 5-8～图 5-10 所示。

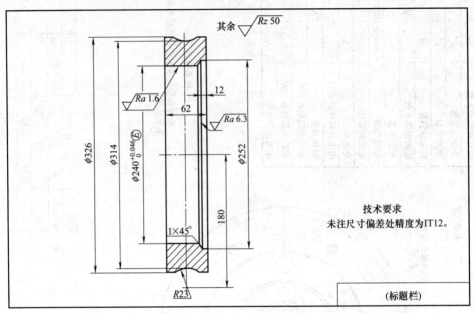

图 5-9　蜗轮轮缘零件工作图

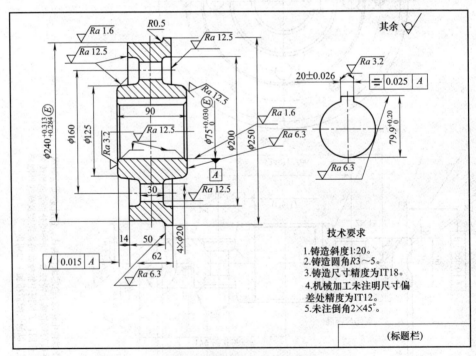

图 5-10　蜗轮轮芯零件工作图

二、尺寸及公差标注

（1）尺寸标注　首先应选定基准面，各径向尺寸以孔心线为基准标出，轴向尺寸以端面为基准标出。齿轮分度圆直径虽不能直接测量，但它是设计的基本尺寸，应该标注；齿根圆直径在齿轮加工时无须测量,在图样上不标注;径向尺寸还应标注齿顶圆直径、轴孔直径、轮毂直径等;轴向尺寸应标注轮毂长、齿宽及腹板厚度等。

(2)公差标注　齿轮的轴孔和端面是齿轮加工、检验、安装的重要依据。轴孔直径应按装配图的要求标注尺寸偏差和形状公差(如圆柱度等)。齿轮两端应标注位置公差。

圆柱齿轮常以齿顶圆作为齿面加工时定位找正的工艺基准或作为检验齿厚的测量基准,应标注齿轮顶圆尺寸偏差和位置公差,齿轮的形位公差推荐项目见表5-3。

表 5-3　齿轮的形位公差推荐项目

内容	项　目	符号	精度等级	对工作性能的影响
形状公差	与轴配合孔的圆柱度	/◯/	7~8	影响传动零件与轴配合的松紧及对中性
位置公差	圆柱齿轮以齿顶圆为工艺基准时,齿顶圆的径向圆跳动	/	按齿轮的精度等级确定	影响齿厚的测量精度,并在切齿时产生相应的齿圈径向圆跳动误差,使零件加工中心位置与设计位置不一样,引起分齿不均,同时会引起齿向误差,影响齿面载荷分布及齿轮副间隙的均匀性
	基准端面对轴线的端面圆跳动			
	键槽对孔轴线的对称度	=	8~9	影响键与键槽受载的均匀性及其装拆时的松紧

三、表面粗糙度

齿轮类零件各加工表面的表面粗糙度可查表5-4。

表 5-4　齿轮加工表面粗糙度荐用值

加　工　表　面		表面粗糙度 Ra 推荐值/μm			
		齿轮精度等级			
		6	7	8	9
轮齿工作面(齿面)	Ra 推荐值/μm	0.8~0.4	1.6~0.8	3.2~1.6	6.3~3.2
	齿面加工方法	磨齿或珩齿	剃齿	精滚或精插齿	滚齿或铣齿
齿顶圆柱面	作基准	1.6	3.2~1.6	3.2~1.6	6.3~3.2
	不作基准	12.5~6.3			
齿轮基准孔		1.6~0.8	1.6~0.8	3.2~1.6	6.3~3.2
齿轮轴的轴颈					
齿轮基准端面		1.6~0.8	3.2~1.6	3.2~1.6	6.3~3.2
平键键槽	工作面	3.2 或 6.3			
	非工作面	6.3 或 12.5			
其他加工表面		6.3~12.5			

四、啮合特性表

在齿轮零件工作图的右上角应列出啮合特性表。啮合特性表的内容包括:齿轮基本参数及检验项目,具体内容可参考图5-5~图5-8。

五、技术要求

应包括下列内容:

(1)热处理和硬度要求,如热处理方法、热处理后的表面硬度、渗碳深度及淬火深度等。

(2)未注明的倒角、圆角半径的说明。

(3)对铸件、锻件或其他类型坯件的要求。

(4)对大型齿轮或高速齿轮的平衡试验的要求。

第四节　箱体类零件工作图的设计和绘制

一、视图

箱体（箱盖和箱座）是减速器中结构较为复杂的零件，通常用三个视图表示，并根据结构的复杂程度增加一些必要的剖视图、局部视图等，如图 5-11、图 5-12 所示。

二、尺寸标注

箱体结构比较复杂，箱体尺寸多而杂。标注时既要考虑铸造、加工工艺及测量的要求，又要做到不重复、不遗漏、尺寸醒目。为此，应注意以下几个问题。

（1）箱体尺寸可分为形状尺寸和定位尺寸　形状尺寸是箱体各部分形状大小的尺寸，如壁厚、各种孔径及其深度、圆角半径、槽的深度、螺纹尺寸及箱体长、宽、高等。这类尺寸应直接标注出，而不需要任何的运算。

定位尺寸是确定箱体各部位相对于基准的位置尺寸，如孔的中心线、曲线的中心位置及其他有关部位的平面与基准的距离等。定位尺寸都应从基准（或辅助基准）直接标注。

（2）选好基准　最好采用加工基准作为标注尺寸的基准，这样便于加工和测量，如箱座或箱盖的高度方向尺寸最好以剖分面（加工基准面）为基准。

（3）影响机器工作性能的尺寸应直接标出，以保证加工准确性，如箱体孔的中心距及其偏差按齿轮中心距极限偏差注出。

（4）要考虑铸造工艺特点　箱体一般为铸件，因此标注尺寸要便于木模制作。箱体的所有圆角、倒角尺寸及铸件的起模斜度等都应标出，也可在技术要求中加以说明。

（5）配合尺寸都应标出其偏差　标注尺寸时应避免出现封闭尺寸链。

三、形位公差

箱体形位公差推荐标注项目见表 5-5。

表 5-5　箱体形位公差推荐标注项目

内容	项　目	符号	推荐精度等级（或公差值）	对工作性能的影响
公差形状	轴承座孔圆柱度		0 级轴承选 6～7 级	影响箱体与轴承的配合性能及对中性
	箱体剖分面的平面度		7～8	
位置公差	轴承座孔的中心线对其两端面的垂直度	⊥	对 0 级轴承选 7 级	影响轴承固定及轴向受载的均匀性
	轴承座孔中心线对箱体剖分面在垂直平面上的位置度		公差值≤0.3mm	影响镗孔精度和轴系装配。影响传动件的传动平稳性及载荷分布的均匀性
	轴承座孔中心线相互间的平行度	∥	以轴承支点跨距代替齿轮宽度，根据轴线平行度公差及齿向公差数值查出	影响传动件的传动平稳性及载荷分布的均匀性
	圆锥齿轮减速器及蜗轮减速器的轴承孔中心线相互间的垂直度	⊥	根据齿轮和蜗轮精度确定	
	两轴承座孔中心线的同轴度	◎	7～8	影响减速器的装配及传动零件的载荷分布的均匀性

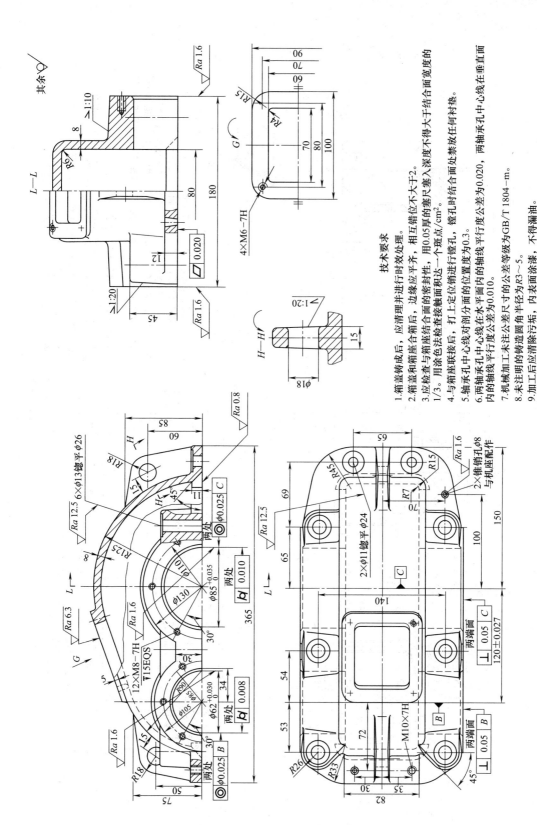

技术要求

1.箱盖铸成后，应清理并进行时效处理。
2.箱盖和箱座合箱后，边缘应平齐，相互错位不大于2。
3.应检查与箱座结合面的密封性，用0.05厚的塞尺塞入深度不得大于结合面宽度的1/3。用涂色法检查接触面积达一个斑点/cm²。
4.与箱座联接后，打上定位销进行镗孔，镗孔时结合面处禁放任何衬垫。
5.轴承孔中心线对剖分面的位置度为0.3。
6.两轴承孔中心线在水平面内的轴线平行度公差为0.020，两轴承孔中心线在垂直面内的轴线平行度公差等级为GB/T 1804—m。
7.机械加工未注公差尺寸的公差等级为GB/T 1804—m。
8.未注明的铸造圆角半径为R3～5。
9.加工后应清除污垢，内表面涂漆，不得漏油。

图5-11　减速器箱箱盖零件工作图

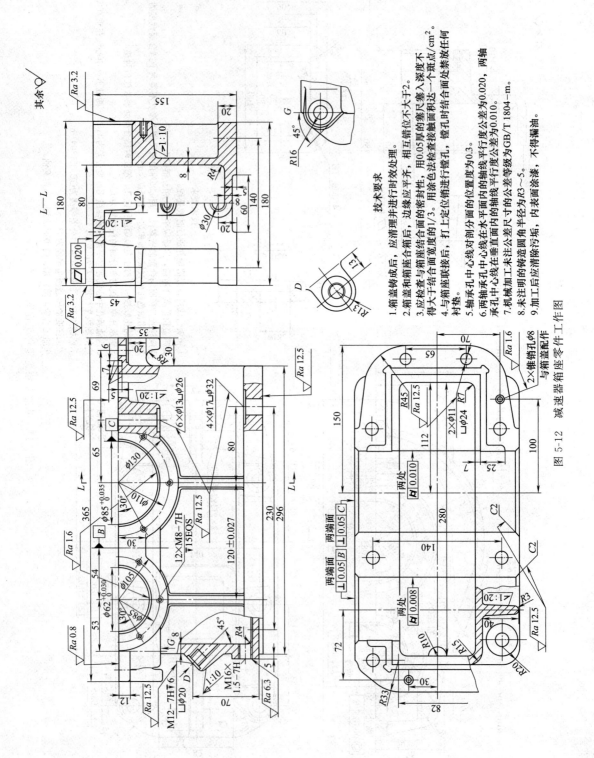

技术要求

1. 箱盖铸成后，应清理并进行时效处理。
2. 箱盖和箱座合箱后，边缘应平齐，相互错位不大于2。
3. 应检查与箱座结合面的密封性，用0.05厚的塞尺塞入深度不得大于结合面宽度的1/3。用涂色法检查接触面积达一个斑点/cm²。
4. 与箱座联接后，打上定位锥进行镗孔，镗孔时结合面处不放任何衬垫。
5. 轴承孔中心线对剖分面的位置度为0.3。
6. 两轴承孔中心线间的轴线水平面内的轴线平行度公差为0.020，两轴承孔中心线在垂直面内的轴线平行度公差为0.010。
7. 机械加工未注公差尺寸的公差等级为GB/T 1804—m。
8. 未注明的铸造圆角半径为R3～5。
9. 加工后应清除污垢，内表面涂漆，不得漏油。

图 5-12 减速器箱座零件工作图

四、表面粗糙度

箱体的表面粗糙度推荐值见表 5-6。

五、技术要求

技术要求应包括下列内容：

(1) 箱体与箱盖配做加工（如配做剖分面上的定位销孔加工、螺栓孔、轴承座孔等）的说明。

(2) 铸件应进行时效处理及清砂、表面防护（如涂漆）的要求。

(3) 对铸件质量的要求（如不得有裂纹和超过规定的缩孔等）。

(4) 对未注明的圆角、倒角及铸造斜度的说明。

(5) 其他必要的说明（如轴承座孔中心线的平行度和垂直度的要求在图中未标注时，可在技术要求中说明）。

表 5-6　箱体的表面粗糙度推荐值

表　　面	表面粗糙度 $Ra/\mu m$
减速器剖分面	$\sqrt{3.2} \sim \sqrt{1.6}$
与滚动轴承(G 级)配合的轴承座孔(D)	$\sqrt{1.6}\ (D \leqslant 80mm)$; $\sqrt{3.2}\ (D>80mm)$
轴承座外端面	$\sqrt{6.3} \sim \sqrt{3.2}$
螺栓孔沉头座	$\sqrt{12.5}$
与轴承端盖及套杯配合的孔	$\sqrt{3.2}$
油沟及检查孔的接触面	$\sqrt{12.5}$
减速器底面	$\sqrt{12.5}$
圆锥销孔	$\sqrt{3.2} \sim \sqrt{1.6}$
铸、焊毛坯表面	$\sqrt{}$

第六章

编写设计计算说明书和准备答辩

第一节 设计计算说明书的编写内容

设计计算说明书既是图纸设计的理论依据又是设计计算的总结，也是审核设计是否合理的技术文件之一。因此，编写设计计算说明书是设计工作的一个重要环节。

设计计算说明书的主要内容大致包括：

① 目录（标题及页次）。

② 设计任务书（附传动方案简图）。

③ 传动方案的分析。

④ 电动机的选择。

⑤ 传动装置运动及动力参数计算。

⑥ 传动零件的设计计算。

⑦ 轴的计算。

⑧ 滚动轴承的选择和计算。

⑨ 键连接的选择和计算。

⑩ 联轴器的选择。

⑪ 润滑方式、润滑油牌号及密封装置的选择。

⑫ 设计体会。

⑬ 参考资料（资料编号、作者、书名、版本、出版地、出版单位、出版年月）。

第二节 设计计算说明书的编写要求

设计计算说明书要求计算正确，论述清楚，文字简练，书写工整。同时还应注意下列事项：

① 对计算内容只需写出计算公式，代入相关数值（运算和简化过程不必写），写清计算结果、标注单位并写出结论（如"强度足够""在允许范围内"等）。对于主要的计算结果，在说明书的右侧一栏填写使其醒目。

② 为了清楚说明设计内容，说明书中应附有相关的简图，如传动方案简图、轴的受力分析图、弯矩图、传动件草图等。

③ 对所引用的重要公式或数据，应注明来源、参考资料的编号和页次。

④ 按照设计的过程编写，对每一自成单元内容，都应有大小标题，使其醒目突出。

⑤ 要求使用 16 开纸书写，要标出页次，编好目录，做好封面，最后装订成册。封面和说明书用纸如图 6-1 所示，书写格式如表 6-1 所示。

说明书

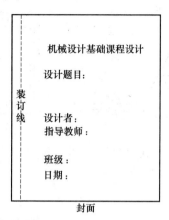

封面

图 6-1 封面和说明书用纸格式

表 6-1 说明书书写格式

计 算 及 说 明	结 果
四、齿轮传动计算 1. 高速级齿轮传动的核验计算 (1)齿轮的主要参数和几何尺寸 　　模数 $m=2\text{mm}$，齿数 $z_1=29$；$z_2=101$ 　　…… 　　中心距 $a=\dfrac{m(z_1+z_2)}{2}=\dfrac{2(29+101)}{2}=130\text{mm}$ 　　齿宽 $b_1=40\text{mm}$；$b_2=35\text{mm}$ 　　齿数比 $u=3.48$ 　　…… (2)齿轮的材料和硬度 (3)许用应力 　　…… (4)小齿轮转矩 T_1 (5)载荷系数 K 　　……	齿轮计算公式和有关数据皆引自[×] ××～××页 主要参数： $m=2\text{mm}$ $z_1=29$ $z_2=101$ …… $a=130\text{mm}$ $b_1=40\text{mm}$ $b_2=35\text{mm}$ $u=3.48$

第三节　准备答辩

答辩是课程设计的最后一个环节，是检查学生对课程设计内容和设计结果实际掌握情况、评定设计成绩的一个重要方面。学生完成设计后，应及时做好答辩的准备工作。

答辩前，应认真整理和检查全部图纸和说明书，进行系统、全面的回顾和总结。搞清从方案分析直至设计方法、设计步骤、计算原理、结构设计、制造工艺、数据的处理和查取、尺寸公差配合的选择与标注、材料和热处理的选择等问题。通过准备答辩可以进一步把还不懂或尚未考虑到的问题搞懂、弄透，以取得更大的收获。

最后把图纸叠好，说明书装订好，放在图纸袋内准备答辩。图纸的折叠方法及图纸袋封面的写法参见图 6-2 及图 6-3。

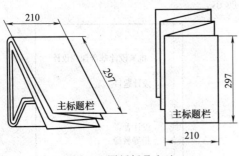

图 6-2 图纸折叠方法

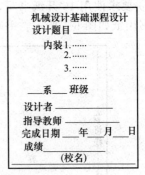

图 6-3 图纸袋封面书写格式

第四节 答辩思考题

下面是按有关课程设计内容列出的思考题，以供同学们总结、复习和准备答辩。

一、传动装置的总体设计

① 你所设计的传动装置有哪些特点？

② 带传动、链传动、齿轮传动应如何布置？为什么？

③ 电动机转速的高低对传动方案有何影响？

④ 电动机的容量主要是根据什么条件确定的？如何确定所需要的电动机工作功率？

⑤ 你所设计的减速器的总传动比是如何确定和分配的？

⑥ 机械传动装置的总效率如何计算？确定总效率时要注意哪些问题？

⑦ 同一轴的功率 P、转矩 T、转速 n 之间有何关系？

二、传动零件的设计计算

① 在传动装置设计中为什么一般要先设计传动零件？而传动零件设计通常先设计减速器外传动零件？

② 带传动可能出现的失效形式是什么？

③ 小带轮直径的大小受什么条件限制？对传动有何影响？

④ 你所设计的齿轮传动中，可能出现的失效形式是什么？

⑤ 什么是软齿面齿轮？什么是硬齿面齿轮？分别在什么情况下选用？为何一般软齿面齿轮大小齿轮的材料或热处理不同？

⑥ 什么情况下齿轮应与轴制成一体？在哪些情况下，齿轮结构采用实心式、腹板式、轮辐式？

⑦ 在闭式齿轮传动的设计参数和几何尺寸中，哪些应取标准值？哪些应该圆整？哪些必须精确计算？

⑧ 斜齿圆柱齿轮传动的中心距应如何圆整？圆整后，应如何调整 m、z 和 β 等参数？

⑨ 如何确定轮齿宽度 b？为什么通常大、小齿轮的宽度不同，且 $b_小 > b_大$？

⑩ 影响齿轮齿面接触疲劳强度的主要几何参数是什么？为什么？影响齿根弯曲疲劳强度的主要几何参数是什么？为什么？

⑪ 齿轮材料的选择原则是什么？常用齿轮材料和热处理方法有哪些？

⑫ 蜗杆传动有何特点？宜在什么情况下采用？

⑬ 为什么蜗杆传动比齿轮传动效率低？蜗杆传动的效率包括几部分？

⑭ 为什么闭式连续工作的蜗杆传动要进行热平衡计算？可采取哪些措施改善散热条件？

⑮ 根据你的设计，谈谈为什么要采用蜗杆上置（或蜗杆下置）的结构形式？

⑯ 锥齿轮或蜗轮为什么需要调整轴向位置？如何调整？

⑰ 锥齿轮传动中，大小齿轮的齿宽是否相等？

⑱ 斜齿圆柱齿轮哪个面内的模数为标准值？圆锥齿轮的标准模数是在大端还是在小端？蜗杆传动以哪个平面内参数和尺寸为标准？

三、轴、轴承的设计计算

① 为什么转轴多设计成阶梯轴？以减速器中输出轴为例，说明各轴段的直径和长度如何确定。

② 轴的强度计算方法有哪些？如何确定轴的支点位置和传动零件上力的作用点？

③ 轴的外伸长度如何确定？如何确定各轴段的直径和长度？

④ 如何保证轴上零件的周向固定及轴向固定？

⑤ 以减速器的输出轴为例，说明轴上零件的定位与固定方法。

⑥ 试述低速轴上零件的装拆顺序。

⑦ 对轴进行强度校核时，如何选取危险剖面？

⑧ 轴上的退刀槽、砂轮越程槽和圆角的作用是什么？你设计的轴上哪些部位采用了上述结构？

⑨ 试述你选用的滚动轴承代号的含义。

⑩ 你是怎样选滚动轴承类型和尺寸的？轴承在轴承座孔中的位置应如何确定？

⑪ 角接触球轴承或圆锥滚子轴承为什么要成对使用？

⑫ 滚动轴承有哪些失效形式？如何验算其寿命？

⑬ 滚动轴承的寿命不能满足要求时，应如何解决？

⑭ 轴承端盖有哪几种类型？各有什么特点？

⑮ 嵌入式轴承端盖结构如何调整轴承间隙及轴向位置？

四、键、联轴器的选择与计算

① 键连接如何工作？单键不能满足设计要求时应如何解决？

② 如何选择、确定键的类型和尺寸？

③ 键连接应进行哪些强度核算？若强度不够如何解决？

④ 键在轴上的位置如何确定？键连接设计中应注意哪些问题？

⑤ 常用联轴器有哪些类型？怎样选择？

⑥ 你的设计中所选用的联轴器型号是什么？你是根据什么来选择的？

⑦ 选择联轴器的主要依据是什么？

五、箱体的结构及附件设计

① 减速器箱体常用哪些材料制造？你选用什么材料？为什么？

② 箱体高度是如何确定的？其长度和宽度又是如何确定出来的？

③ 减速器箱体采用剖分式有何好处？

④ 减速器箱盖与箱座连接处定位销的作用是什么？销孔的位置如何确定？销孔在何时

加工？

　　⑤ 箱体上螺栓连接处的扳手空间根据什么来确定？

　　⑥ 减速器轴承座上下处的加强肋有何作用？

　　⑦ 起盖螺钉的作用是什么？如何确定其位置？

　　⑧ 通气器的作用是什么？应安装在哪个部位？你选用的通气器有何特点？

　　⑨ 窥视孔有何作用？窥视孔的大小及位置如何确定？

　　⑩ 说明油标的用途、种类以及位置如何确定？

　　⑪ 你所设计箱体上油标的位置是如何确定的？如何利用该油标测量箱内油面高度？

　　⑫ 放油螺塞的作用是什么？放油孔应开在哪个部位？

　　⑬ 试述螺栓连接的防松方法。在你的设计中采用了哪种方法？

　　⑭ 箱座与箱盖的定位销起什么作用？通常应有几个？定位销的尺寸怎样确定？选用圆锥销与圆柱销有何不同？

　　⑮ 箱体上的吊耳及箱盖上的吊环螺钉起什么作用，应布置在什么位置？

　　⑯ 轴承凸台旁连接螺栓的直径和螺栓间距离是如何确定的？

六、减速器润滑、密封选择及其他

　　① 为了保证轴承的润滑与密封，你在减速器结构设计中采取了哪些措施？

　　② 滚动轴承采用脂润滑还是油润滑的根据是什么？

　　③ 减速器箱体内润滑油面的高度如何确定？最低油面怎样确定？

　　④ 什么情况下滚动轴承旁加挡油板，什么情况下蜗杆轴上要加甩油环？

　　⑤ 伸出轴与端盖间的密封件有哪几种？你在设计中选择了哪种密封件？

　　⑥ 减速器中哪些部位需要密封？如何保证密封要求？

　　⑦ 为什么上下箱体接合面处不允许使用垫片密封？应如何密封？

　　⑧ 试述轴承间隙的调整方法。

　　⑨ 轴承端盖与箱体之间所加垫片的作用是什么？

七、装配图与零件图设计

　　① 装配图的作用是什么？应标注哪几类尺寸？为什么？

　　② 如何选择减速器主要零件的配合？传动零件与轴、滚动轴承与轴及轴承座孔的配合和公差等级应如何选择？

　　③ 装配图上的技术要求主要包括哪些内容？

　　④ 明细表的作用是什么？应填写哪些内容？

　　⑤ 零件图的作用和设计内容有哪些？

　　⑥ 标注尺寸时如何选择基准？

第二篇

机械设计常用标准和规范

第 七 章

一般标准和规范

第一节 技术制图标准

一、技术制图图纸幅面

技术制图图纸幅面见表 7-1。

表 7-1 技术制图图纸幅面

基本幅面						加长幅面					
						第二选择		第三选择			
幅面代号	A0	A1	A2	A3	A4	幅面代号	尺寸 $B \times L$	幅面代号	尺寸 $B \times L$	幅面代号	尺寸 $B \times L$
宽度×长度 $(B \times L)$	841×1189	594×841	420×594	297×420	210×297	A3×3	420×891	A0×2	1189×1682	A3×5	420×1486
留装订边	装订边宽 a	25					A3×4	420×1189	A0×3	1189×2523	A3×6	420×1783
	其他周边宽 c	10			5		A4×3	297×630	A1×3	841×1783	A3×7	420×2080
							A4×4	297×841	A1×4	841×2378	A4×6	297×1261
不留装订边	周边宽 e	20		10			A4×5	297×1051	A2×3	594×1261	A4×7	297×1471
									A2×4	594×1682	A4×8	297×1682
									A2×5	594×2102	A4×9	297×1892

注：1. 加长幅面是由基本幅面的短边成整数倍增加后得出。

2. 加长幅面的图框尺寸，按所选用的基本幅面大一号的图框尺寸确定。例如，A2×3 的图框尺寸，按 A1 的图框尺寸确定，即 e 为 20（或 c 为 10）。

二、技术制图图框格式和标题栏的方位

技术制图图框格式和标题栏的方位见表 7-2。

表 7-2 技术制图图框格式和标题栏的方位

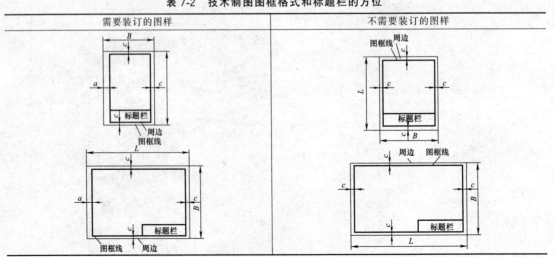

三、技术制图比例

技术制图比例见表 7-3。

表 7-3　技术制图比例

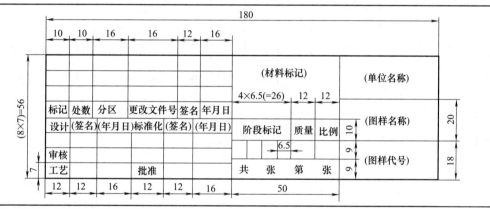

与实物相同	1:1	当某个视图或剖视图需要采用不同比例时,必须另行标注
缩小的比例	(1:1.5) 1:2 (1:3) (1:4) 1:5 (1:6) 1:10　1:1×10^n (1:1.5×10^n) 1:2×10^n 1:3×10^n (1:4×10^n) 1:5×10^n (1:6×10^n)	
放大的比例	2:1 (2.5:1) (4:1) (5:1) 1×10^n:1 2×10^n:1 (2.5×10^n:1) (4×10^n:1) 5×10^n:1	

注：n 为正整数。

四、标题栏格式

标题栏格式见表 7-4。

表 7-4　标题栏格式　　　　　　　　　　　　　　　　　　mm

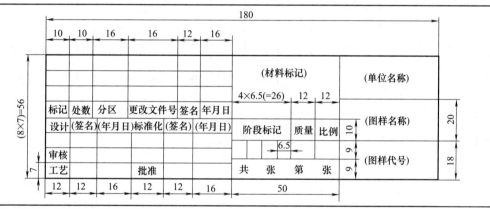

五、明细栏格式

明细栏格式见表 7-5。

表 7-5　明细栏格式　　　　　　　　　　　　　　　　　　mm

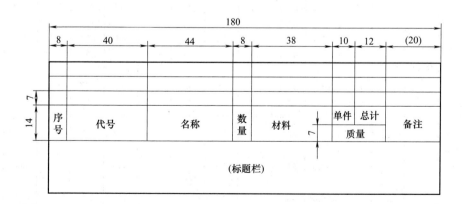

第二节　常用标准和规范

一、标准尺寸（直径、长度、高度）

标准尺寸（直径、长度、高度）见表 7-6。

表 7-6　标准尺寸（直径、长度、高度）　　　　　　　　　　mm

0.1~1.0 R		0.1~1.0 Ra		10~100 R			10~100 Ra			100~1000 R			100~1000 Ra		
R10	R20	Ra10	Ra20	R10	R20	R40	Ra10	Ra20	Ra40	R10	R20	R40	Ra10	Ra20	Ra40
0.100	0.100	0.10	0.10							100	100	100	100	100	100
	0.112		0.11									106			105
0.125	0.125	0.12	0.12	10.0	10.0		10	10			112	112		110	110
	0.140		0.14		11.2			11				118			120
0.160	0.160	0.16	0.16							125	125	125	125	125	125
	0.180		0.18	12.5	12.5	12.5	12	12	12			132			130
0.200	0.200	0.20	0.20		13.2	14.0			13		140	140		140	140
	0.224		0.22		14.0	15.0		14	14			150			150
0.250	0.250	0.25	0.25						15	160	160	160	160	160	160
	0.280		0.28									170			170
0.315	0.315	0.30	0.30	16.0	16.0	16.0	16	16	16		180	180		180	180
	0.355		0.35			17.0			17			190			190
0.400	0.400	0.40	0.40		18.0	18.0		18	18	200	200	200	200	200	200
	0.450		0.45			19.0			19			212			210
0.500	0.500	0.50	0.50	20.0	20.0	20.0	20	20	20		224	224		220	220
	0.560		0.55			21.2			21			236			240
0.630	0.630	0.60	0.60		22.4	22.4		22	22	250	250	250	250	250	250
	0.710		0.70			23.6			24			265			260
0.800	0.800	0.80	0.80								280	280		280	280
	0.900		0.90	25.0	25.0	25.0	25	25	25			300			300
1.000	1.000	1.00	1.00			26.5			26	250	250	250	250	250	250
					28.0	28.0		28	28		280	280		280	280
						30.0			30			300			300
1.0~10.0				31.5	31.5	31.5	32	32	32	315	315	315	320	320	320
R10	R20	Ra10	Ra20			33.5			34			335			340
					35.5	35.5		36	36		355	355		360	360
						37.5			38			375			380
1.00	1.00	1.0	1.0	40.0	40.0	40.0	40	40	40	400	400	400	400	400	400
	1.12		1.1			42.5			42			425			420
1.25	1.25	1.2	1.2		45.0	45.0		45	45		450	450		450	450
	1.40		1.4			47.5			48			475			480
1.60	1.60	1.6	1.6	50.0	50.0	50.0	50	50	50	500	500	500	500	500	500
	1.80		1.8			53.0	53.0		53			530			530
2.00	2.00	2.0	2.0		56.0	56.0		56	56		560	560		560	560
	2.24		2.2			60.0			60			600			600

0.1～1.0				10～100						100～1000					
R		R_a		R			R_a			R			R_a		
R10	R20	R_a10	R_a20	R10	R20	R40	R_a10	R_a20	R_a40	R10	R20	R40	R_a10	R_a20	R_a40
2.50	2.50	2.5	2.5												
	2.80		2.8	63.0	63.0	63.0	63	63	63	630	630	630	630	630	630
3.15	3.15	3.0	3.0			67.0			67			670			670
	3.55		3.5		71.0	71.0		71	71		710	710		710	710
4.00	4.00	4.0	4.0			75.0			75			750			750
	4.50		4.5												
5.00	5.00	5.0	5.0	80.0	80.0	80.0	80	80	80	800	800	800	800	800	800
	5.60		5.5			85.0			85			850			850
6.30	6.30	6.0	6.0		90.0	90.0		90	90		900	900		900	900
	7.10		7.0			95.0			95			950			950
8.00	8.00	8.0	8.0												
	9.00		9.0	100.0	100.0	100.0	100	100	400	1000	1000	1000	1000	1000	1000
10.00	10.00	10.0	10.0												

注：1. 本标准适用于有互换性或系列化要求的主要尺寸（如安装、连接尺寸，有公差要求的配合尺寸，决定产品系列的公称尺寸）。其他结构尺寸也应尽量采用。对已有专用标准规定的尺寸，可按专用标准选用。

2. 选择系列及单个尺寸时，应首先在优先系数 R 系列按照 R10、R20、R40 的顺序，优先选用公比较大的基本系列及其单值。如必须将数值圆整，可在相应的系列（选用优先数化整值系列制订的标准尺寸系列）中选用标准尺寸，其优先顺序为 R10、R20、R40。

二、中心孔表示法

中心孔表示法见表 7-7。

表 7-7　中心孔表示法　　　　　　　　　　mm

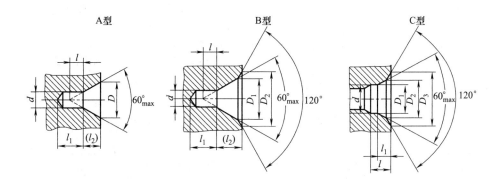

要求	符号	表示法示例	说　　　明
在完工的零件上要求保留中心孔		GB/T 4459.5—B2.5/8	采用 B 型中心孔 $d=2.5$，$D_2=8$ 在完工的零件上要求保留
在完工的零件上可以保留中心孔		GB/T 4459.5—A4/8.5	采用 A 型中心孔 $d=4$，$D=8.5$ 在完工的零件上是否保留都可以
在完工的零件上不允许保留中心孔		GB/T 4459.5—A1.6/3.35	采用 A 型中心孔 $d=1.6$，$D=3.35$ 在完工的零件上不允许保留

三、中心孔的有关尺寸

中心孔的有关尺寸见表 7-8。

表 7-8　中心孔的有关尺寸　　　　　　　　　　　　　　　　　　　　mm

d	型式						选择中心孔的参考数据（非标准内容）		
	A		B		C		D_{min}	D_{max}	$G/10^3 kg$
	$D^{☆}$	$l_2^{☆}$	$D_2^{★}$	$l_2^{★}$	d	D_1			
1.6	3.35	1.52	5.0	1.99			6	>8~10	0.1
2.0	4.25	1.95	6.3	2.54			8	>10~18	0.12
2.5	5.3	2.42	8.0	3.20			10	>18~30	0.2
3.15	6.7	3.07	10.0	4.03	M3	5.8	12	>30~50	0.5
4.0	8.5	3.90	12.5	5.05	M4	7.4	15	>50~80	0.8
(5.0)	10.6	4.85	16.0	6.41	M5	8.8	20	>80~120	1.0
5.3	13.2	5.98	18.0	7.36	M6	10.5	25	>120~180	1.5
(8.0)	17.0	7.79	22.4	9.36	M8	13.2	30	>180~220	2.0
10.0	21.2	9.70	28.0	11.66	M10	16.3	42	>220~260	3.0

注：1. 括号内的尺寸尽量不采用。

2. D_{min}——原料端部最小直径。

3. D_{max}——轴状材料最大直径。

4. G——工件最大质量。

☆任选其一。

★任选其一。

四、零件的倒圆和倒角

零件的倒圆和倒角见表 7-9。

表 7-9　零件的倒圆和倒角　　　　　　　　　　　　　　　　　　　　mm

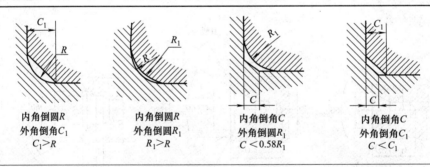

内角倒圆R　　内角倒圆R　　内角倒角C　　内角倒角C
外角倒角C_1　　外角倒圆R_1　　外角倒圆R_1　　外角倒角C_1
$C_1>R$　　　　$R_1>R$　　　　$C<0.58R_1$　　$C<C_1$

与直径 ϕ 相应的倒角倒圆推荐值											
ϕ	~3	>3~6	>6~10	>10 ~18	>18 ~30	>30 ~50	>50 ~80	>80 ~120	>120 ~180	>180 ~250	>250 ~320
C 或 R	0.2	0.4	0.6	0.8	1.0	1.6	2.0	2.5	3.0	4.0	5.0

倒角与倒圆的尺寸系列

R:0.1　0.2　0.3　0.4　0.5　0.6　0.8　1.0　1.2　1.6　2.5　3.0

C:4.0　5.0　6.0　8.0　10　12

圆形零件自由表面过渡圆角								
$D-d$	2	5	8	10	15	20	25	30
R	1	2	3	4	5	8	10	12
$D-d$	35	40	50	55	65	70	90	100
R	12	16	16	20	20	25	25	30

注：尺寸 $D-d$ 是表中数值的中间值时，则按较小尺寸来选取 R 例 $D-d=98$ 则按 90 选 $R=25$

五、轴肩和轴环尺寸（参考）

轴肩和轴环尺寸（参考）见表7-10。

表7-10　轴肩和轴环尺寸（参考）　　　　　　　　　　　　　mm

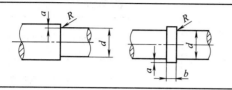

$a=(0.07 \sim 0.1)d$

$b \approx 1.4a$

定位用 $a>R$

R —倒圆半径

六、回转面及端面、砂轮越程槽

回转面及端面、砂轮越程槽见表7-11。

表7-11　回转面及端面、砂轮越程槽　　　　　　　　　　　　mm

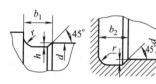

(a) 磨外圆	(b) 磨内圆	(c) 磨外端面	(d) 磨内端面	(e) 磨外圆及端面	(f) 磨内圆及端面

b_1	0.6	1.0	1.6	2.0	3.0	4.0	5.0	8.0	10
b_2	2.0	3.0		4.0		5.0		8.0	10
h	0.1	0.2		0.3	0.4		0.6	0.8	1.2
r	0.2	0.5		0.8	1.0		1.6	2.0	3.0
d	~ 10			$10 \sim 50$		$50 \sim 100$		>100	

注：1. 越程槽内两直线相交不许产生尖角。

2. 越程槽深度 h 与圆弧半径 r 要满足 $r<3h$。

七、铸件最小壁厚

铸件最小壁厚见表7-12。

表7-12　铸件最小壁厚　　　　　　　　　　　　　　　　　　mm

铸造方法	铸件尺寸	铸钢	灰铸铁	球墨铸铁	可锻铸铁	铝合金	镁合金	铜合金
砂型	$\sim 200 \times 200$	8	~ 6	6	5	3	3	$3 \sim 5$
	$>200 \times 200 \sim 500 \times 500$	$10 \sim 12$	$>6 \sim 10$	12	8	4		$6 \sim 8$
	$>500 \times 500$	$15 \sim 20$	$15 \sim 20$			6		
金属型	$\sim 70 \times 70$	5	4		$2.5 \sim 3.5$	$2 \sim 3$		3
	$>70 \times 70 \sim 150 \times 150$		5			4	2.5	$4 \sim 5$
	$>150 \times 150$	10	6			5		$6 \sim 8$

注：1. 一般铸造条件下，各种灰铸铁的最小允许壁厚：HT100、HT150：$\delta=4 \sim 6mm$；HT200：$\delta=6 \sim 8mm$；HT250：$\delta=8 \sim 15mm$；HT300、HT350：$\delta=15mm$。

2. 如有特殊需要，在改善铸造条件的情况下，灰铸铁最小壁厚可达3mm，可锻铸铁可小于3mm。

八、铸造斜度

铸造斜度见表7-13。

表 7-13　铸造斜度

	斜度 $b:h$	角度 β	使用范围
	$1:5$	$11°30'$	$h<25mm$ 的钢和铁铸件
	$1:10$ $1:20$	$5°30'$ $3°$	h 在 $25\sim500mm$ 时的钢和铁铸件
	$1:50$	$1°$	$h>500mm$ 时的钢和铁铸件
	$1:100$	$30'$	有色金属铸件

注：当设计不同壁厚的铸件时，在转折点处的斜角最大还可增大到 $30°\sim45°$。

九、铸造过渡斜度

铸造过渡斜度见表 7-14。

表 7-14　铸造过渡斜度　　　　　　　　　　mm

铸铁和铸钢件的壁厚 δ	K	h	R
$10\sim15$	3	15	5
$>15\sim20$	4	20	5
$>20\sim25$	5	25	5
$>25\sim30$	6	30	8
$>30\sim35$	7	35	8
$>35\sim40$	8	40	10
$>40\sim45$	9	45	10
$>45\sim50$	10	50	10

适用于减速器、连接管、气缸及其他连接法兰

十、铸造内圆角

铸造内圆角见表 7-15。

表 7-15　铸造内圆角　　　　　　　　　　mm

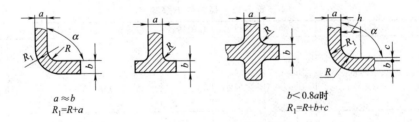

$a\approx b$ 时
$R_1=R+a$

$b<0.8a$ 时
$R_1=R+b+c$

$\dfrac{a+b}{2}$	R											
	内圆角 α											
	$<50°$		$51°\sim75°$		$76°\sim105°$		$106°\sim135°$		$136°\sim165°$		$>165°$	
	钢	铁	钢	铁	钢	铁	钢	铁	钢	铁	钢	铁
≤8	4	4	4	4	6	4	8	6	16	10	20	16
$9\sim12$	4	4	4	4	6	6	10	8	16	12	25	20
$13\sim16$	4	4	6	4	8	6	12	10	20	16	30	25
$17\sim20$	6	4	8	6	10	8	16	12	25	20	40	30
$21\sim27$	6	6	10	8	12	10	20	16	30	25	50	40

续表

b/a	<0.4	0.5~0.65	0.66~0.8	>0.8
c≈	0.7(a−b)	0.8(a−b)	a−b	—
h≈ 钢	8c			
h≈ 铁	9c			

十一、铸造外圆角

铸造外圆角见表 7-16。

表 7-16　铸造外圆角 mm

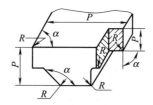

表面的最小边尺寸 P	R					
	外圆角 α					
	<50°	51°~75°	76°~105°	106°~135°	136°~165°	>165°
≤25	2	2	2	4	6	8
>25~60	2	4	4	6	10	16
>60~160	4	4	6	8	16	25
>160~250	4	6	8	12	20	30
>250~400	6	8	10	16	25	40
>400~600	6	8	12	20	30	50

第三节　公差配合·形位公差·表面粗糙度

一、极限与配合

基本尺寸的标准公差数值见表 7-17。

表 7-17　基本尺寸的标准公差数值 μm

基本尺寸 /mm	标准公差等级																	
	IT1	IT2	IT3	IT4	IT5	IT6	IT7	IT8	IT9	IT10	IT11	IT12	IT13	IT14	IT15	IT16	IT17	IT18
≤3	0.8	1.2	2	3	4	6	10	14	25	40	60	100	140	250	400	600	1000	1400
>3~6	1	1.5	2.5	4	5	8	12	18	30	48	75	120	180	300	480	750	1200	1800
>6~10	1	1.5	2.5	4	6	9	15	22	36	58	90	150	220	360	580	900	1500	2200
>10~18	1.2	2	3	5	8	11	18	27	43	70	110	180	270	430	700	1100	1800	2700
>18~30	1.5	2.5	4	6	9	13	21	33	52	84	130	210	330	520	840	1300	2100	3300
>30~50	1.5	2.5	4	7	11	16	25	39	62	100	160	250	390	620	1000	1600	2500	3900
>50~60	2	3	5	8	13	19	30	46	74	120	190	300	460	740	1200	1900	3000	4600
>80~120	2.5	4	6	10	15	22	35	54	87	140	220	350	540	870	1400	2200	3500	5400

基本尺寸 /mm	标准公差等级																	
	IT1	IT2	IT3	IT4	IT5	IT6	IT7	IT8	IT9	IT10	IT11	IT12	IT13	IT14	IT15	IT16	IT17	IT18
>120～180	3.5	5	8	12	18	25	40	63	100	160	250	400	630	1000	1600	2500	4000	6300
>180～250	4.5	7	10	14	20	29	46	72	115	185	290	460	720	1150	1850	2900	4600	7200
>250～315	6	8	12	16	23	32	52	81	130	210	320	520	810	1300	2100	3200	5200	8100
>315～400	7	9	13	18	25	36	57	89	140	230	360	570	890	1400	2300	3600	5700	8900
>400～500	8	10	15	20	27	40	63	97	155	250	400	630	970	1550	2500	4000	6300	9700
>500～630	9	11	16	22	30	44	70	110	175	280	440	700	1100	1750	2800	4400	7000	11000
>630～800	10	13	18	25	35	50	80	125	200	320	500	800	1250	2000	3200	5000	8000	12500

注：1. 基本尺寸大于 500mm 的 IT1～IT5 的数值为试行的。

2. 基本尺寸小于或等于 1mm 时，无 IT14～IT18。

二、轴的各种基本偏差的应用

轴的各种基本偏差的应用见表 7-18。

表 7-18　轴的各种基本偏差的应用

配合种类	基本偏差	配合特性及应用
间隙配合	a、b	可得到特别大的间隙，很少应用
	c	可得到很大的间隙，一般适用于缓慢、松弛的动配合，用于工作条件较差（如农业机械）、受力变形，或为了便于装配而必须保证有较大的间隙时。推荐配合为 H11/c11，其较高级的配合，如 H8/c7 适用于轴在高温工作的紧密间隙配合，例如，内燃机排气阀和导管
	d	一般用于 IT7～IT11 级，适用于松的转动配合，如密封盖、滑轮、空转带轮等与轴的配合，也适用于大直径滑动轴承配合，如透平机、球磨机、轧辊成形和重型弯曲机及其他重型机械中的一些滑动支承
	e	多用于 IT7～IT9 级，通常适用于要求有明显间隙、易于转动的支承配合，如大跨距、多支点支承等。高等级的 e 轴适用于大型、高速、重载支承配合，如涡轮发电机、大型电动机、内燃机、凸轮轴及摇臂支承等
	f	多用于 IT6～IT8 级的一般转动配合。当温度影响不大时，被广泛用于普通润滑油（或润滑脂）润滑的支承，如齿轮箱、小电动机、泵等的转轴与滑动支承的配合
	g	配合间隙很小，制造成本高，除很轻负荷的精密装置外，不推荐用于转动配合。多用于 IT5～IT7 级，最适合不回转的精密滑动配合，也用于插销等定位配合，如精密连杆轴承、活塞、滑阀及连杆销等
	h	多用于 IT4～IT11 级。广泛用于无相对转动的零件，作为一般的定位配合。若没有温度、变形影响，也用于精密滑动配合
过渡配合	js	为完全对称偏差（±IT/2），平均为稍有间隙的配合，多用于 IT4～IT7 级，要求间隙比 h 轴小，并允许略有过盈的定位配合，如联轴器，可用手或木锤装配
	k	平均为没有间隙的配合，适用于 IT4～IT7 级。推荐用于稍有过盈的定位配合，例如为了消除振动用的定位配合，一般用木锤装配
	m	平均为具有小过盈的过渡配合，适用 IT4～IT7 级，一般用木锤装配，但在最大过盈时，要求相当的压入力
	n	平均过盈比 m 轴稍大，很少得到间隙，适用 IT4～IT7 级，用锤或压力机装配，通常推荐用于紧密的组件配合。H6/n5 配合为过盈配合
过盈配合	p	与 H6 孔或 H7 孔配合时是过盈配合，与 H8 孔配合时则为过渡配合。对非铁类零件，为较轻的压入配合，易于拆卸。对钢、铸铁或铜、钢组件装配是标准压入配合

续表

配合种类	基本偏差	配合特性及应用
过盈配合	r	对铁类零件为中等打入配合；对非铁类零件，对轻打入的配合，可拆卸。与 H8 孔配合，直径在 100mm 以上时为过盈配合，直径小时为过渡配合
	s	用于钢和铁制零件的永久性和半永久性装配，可产生相当大的结合力。当用弹性材料，如轻合金时，配合性质与铁类零件的 p 轴相当，如用于套环压装在轴上、阀座与机体等配合。尺寸较大时，为了避免损伤配合表面，需用热胀或冷缩法装配
	t、u、v x、y、z	过盈量依次增大，一般不推荐采用

三、公差等级与加工方法的关系

公差等级与加工方法的关系见表 7-19。

表 7-19　公差等级与加工方法的关系

加工方法	公差等级（IT）																	
	01	0	1	2	3	4	5	6	7	8	9	10	11	12	13	14	15	16
研磨	■	■	■	■	■	■												
珩			■	■	■	■	■											
圆磨、平磨						■	■	■	■									
金刚石车、金刚石镗						■	■	■										
拉削						■	■	■	■									
铰孔								■	■	■	■							
车、镗								■	■	■	■	■	■					
铣									■	■	■	■	■					
刨、插										■	■	■	■					
钻孔											■	■	■	■				
滚压、挤压											■	■	■					
冲压											■	■	■	■	■			
压铸												■	■	■	■			
粉末冶金成形								■	■	■								
粉末冶金烧结									■	■	■							
砂型铸造、气割															■	■	■	■
锻造																■	■	■

四、优先配合特性及应用举例

优先配合特性及应用举例见表 7-20。

表 7-20　优先配合特性及应用举例

基孔制	基轴制	优先配合特性及应用举例
$\dfrac{H11}{c11}$	$\dfrac{C11}{h11}$	间隙非常大，用于很松的、转动很慢的间隙配合，或要求大公差与大间隙的外露组件，或要求装配方便的很松的配合
$\dfrac{H9}{d9}$	$\dfrac{D9}{h9}$	间隙很大的自由转动配合，用于精度非主要要求时，或有大的温度变动，高转速或大的轴颈压力时

续表

基孔制	基轴制	优先配合特性及应用举例
$\dfrac{H8}{f7}$	$\dfrac{F8}{h7}$	间隙不大的转动配合，用于中等转速与中等轴颈压力的精确转动，也用于装配较易的中等定位配合
$\dfrac{H7}{g6}$	$\dfrac{G7}{h6}$	间隙很小的滑动配合，用于不希望自由转动，但可自由移动和滑动并精密定位时，也可用于要求明确的定位配合
$\dfrac{H7}{h6}\ \dfrac{H8}{h7}$ $\dfrac{H9}{h9}\ \dfrac{H11}{h11}$	$\dfrac{H7}{h6}\ \dfrac{H8}{h7}$ $\dfrac{H9}{h9}\ \dfrac{H11}{h11}$	均为间隙定位配合，零件可自由装拆，而工作时一般相对静止不动。在最大实体条件下的间隙为零，在最小实体条件下的间隙由公差等级决定
$\dfrac{H7}{k6}$	$\dfrac{K7}{h6}$	过渡配合，用于精密定位
$\dfrac{H7}{n6}$	$\dfrac{N7}{h6}$	过渡配合，允许有较大过盈的更精密定位
$\dfrac{H7^{*}}{p6}$	$\dfrac{P7}{h6}$	过盈定位配合，即小过盈配合，用于定位精度特别重要时，能以最好的定位精度达到部件的刚性及对中性要求，而对内孔承受压力无特殊要求，不依靠配合的紧固性传递摩擦负荷
$\dfrac{H7}{s6}$	$\dfrac{S7}{h6}$	中等压入配合，适用于一般钢件，或用于薄壁件的冷缩配合，用于铸铁件可得到最紧的配合
$\dfrac{H7}{u6}$	$\dfrac{U7}{h6}$	压入配合，适用于可以承受大压入力的零件或不宜承受大压入力的冷缩配合

注：* 基本尺寸小于或等于 3mm 为过渡配合。

五、优先配合中轴的极限偏差

优先配合中轴的极限偏差见表 7-21。

表 7-21　优先配合中轴的极限偏差　　　　　　　　　　　　　　μm

基本尺寸 /mm		公　差　带											
		c	d	f	g	h				k	n	p	s	u
大于	至	11	9	7	6	6	7	9	11	6	6	6	6	6
—	3	−60 −120	−20 −45	−6 −16	−2 −8	0 −6	0 −10	0 −25	0 −60	+6 0	+10 +4	+12 +6	+20 +14	+24 +18
3	6	−70 −145	−30 −60	−10 −22	−4 −12	0 −8	0 −12	0 −30	0 −75	+9 +1	+16 +8	+20 +12	+27 +19	+31 +23
6	10	−80 −170	−40 −76	−13 −28	−5 −14	0 −9	0 −15	0 −36	0 −90	+10 +1	+19 +10	+24 +15	+32 +23	+37 +28
10	14	−95 −205	−50 −93	−16 −34	−6 −17	0 −11	0 −18	0 −43	0 −110	+12 +1	+23 +12	+29 +18	+39 +28	+44 +33
14	18													
18	24	−110 −240	−65 −117	−20 −41	−7 −20	0 −13	0 −21	0 −52	0 −130	+15 +2	+28 +15	+35 +22	+48 +35	+54 +41
24	30													+61 +48
30	40	−120 −280	−80 −142	−25 −50	−9 −25	0 −16	0 −25	0 −62	0 −160	+18 +2	+33 +17	+42 +26	+59 +43	+76 +60
40	50	−130 −290												+86 +70
50	65	−140 −330	−100 −174	−30 −60	−10 −29	0 −19	0 −30	0 −74	0 −190	+21 +2	+39 +20	+51 +32	+72 +53	+106 +87
65	80	−150 −340											+78 +59	+121 +102

续表

基本尺寸/mm		公 差 带												
		c	d	f	g	h				k	n	p	s	u
大于	至	11	9	7	6	6	7	9	11	6	6	6	6	6
80	100	−170 −390	−120 −207	−36 −71	−12 −34	0 −22	0 −35	0 −87	0 −220	+25 +3	+45 +23	+59 +37	+93 +71	+146 +124
100	120	−180 −400											+101 +79	+166 +144
120	140	−200 −450	−145 −245	−43 −83	−14 −39	0 −25	0 −40	0 −100	0 −250	+28 +3	+52 +27	+68 +43	+117 +92	+195 +170
140	160	−210 −460											+125 +100	+215 +190
160	180	−230 −480											+133 +108	+235 +210
180	200	−240 −530	−170 −285	−50 −96	−15 −44	0 −29	0 −46	0 −115	0 −290	+33 +4	+60 +31	+79 +50	+151 +122	+265 +236
200	225	−260 −550											+159 +130	+287 +258
225	250	−280 −570											+169 +140	+313 +284
250	280	−300 −620	−190 −320	−56 −108	−17 −49	0 −32	0 −52	0 −130	0 −320	+36 +4	+66 +34	+88 +56	+190 +158	+347 +315
280	315	−330 −650											+202 +170	+382 +350
315	355	−360 −720	−210 −350	−62 −119	−18 −54	0 −36	0 −57	0 −140	0 −360	+40 +4	+73 +37	+98 +62	+226 +190	+426 +390
355	400	−400 −760											+244 +208	+471 +435
400	450	−440 −840	−230 −385	−68 −131	−20 −60	0 −40	0 −63	0 −155	0 −400	+45 +5	+80 +40	+108 +68	+272 +232	+530 +490
450	500	−480 −980											+292 +252	+580 +540

六、优先配合中孔的极限偏差

优先配合中孔的极限偏差见表 7-22。

表 7-22　优先配合中孔的极限偏差　　　　　　μm

基本尺寸/mm		公 差 带												
		C	D	F	G	H				K	N	P	S	U
大于	至	11	9	8	7	7	8	9	11	7	7	7	7	7
—	3	+120 +60	+45 +20	+20 +6	+12 +2	+10 0	+14 0	+25 0	+60 0	0 −10	−4 −14	−6 −16	−14 −24	−18 −28
3	6	+145 +70	+60 +30	+28 +10	+16 +4	+12 0	+18 0	+30 0	+75 0	+3 −9	−4 −16	−8 −20	−15 −27	−19 −31
6	10	+170 +80	+76 +40	+35 +13	+20 +5	+15 0	+22 0	+36 0	+90 0	+5 −10	−4 −19	−9 −24	−17 −32	−22 −37
10	14	+205 +95	+93 +50	+43 +16	+24 +6	+18 0	+27 0	+43 0	+110 0	+6 −12	−5 −23	−11 −29	−21 −39	−26 −44
14	18													
18	24	+240 +110	+117 +65	+53 +20	+28 +7	+21 0	+33 0	+52 0	+130 0	+6 −15	−7 −28	−14 −35	−27 −48	−33 −54
24	30													−40 −61

基本尺寸 /mm		公差带												
		C	D	F	G	H				K	N	P	S	U
大于	至	11	9	8	7	7	8	9	11	7	7	7	7	7
30	40	+280 +120	+142 +80	+64 +25	+34 +9	+25 0	+39 0	+62 0	+160 0	+7 −18	−8 −33	−17 −42	−34 −59	−51 −76
40	50	+290 +130												−61 −86
50	65	+330 +140	+174 +100	+76 +30	+40 +10	+30 0	+46 0	+74 0	+190 0	+9 −21	−9 −39	−21 −51	−42 −72	−76 −106
65	80	+340 +150											−48 −78	−91 −121
80	100	+390 +170	+207 +120	+90 +36	+47 +12	+35 0	+54 0	+87 0	+220 0	+10 −25	−10 −45	−24 −59	−58 −93	−111 −146
100	120	+400 +180											−66 −101	−131 −166
120	140	+450 +200											−77 −117	−155 −195
140	160	+460 +210	+245 +145	+106 +43	+54 +14	+40 0	+63 0	+100 0	+250 0	+12 −28	−12 −52	−28 −68	−85 −125	−175 −215
160	180	+480 +230											−93 −133	−195 −235
180	200	+530 +240											−105 −151	−219 −265
200	225	+550 +260	+285 +170	+122 +50	+61 +15	+46 0	+72 0	+115 0	+290 0	+13 −33	−14 −60	−33 −79	−113 −159	−241 −287
225	250	+570 +280											−123 −169	−267 −313
250	280	+620 +300	+320 +190	+137 +56	+69 +17	+52 0	+81 0	+130 0	+320 0	+16 −36	−14 −66	−36 −88	−138 −190	−295 −347
280	315	+650 +330											−150 −202	−330 −382
315	355	+720 +360	+350 +210	+151 +62	+75 +18	+57 0	+89 0	+140 0	+360 0	+17 −40	−16 −73	−41 −98	−169 −226	−369 −426
355	400	+760 +400											−187 −244	−414 −471
400	450	+840 +440	+385 +230	+165 +68	+83 +20	+63 0	+97 0	+155 0	+400 0	+18 −45	−17 −80	−45 −108	−209 −272	−467 −530
450	500	+880 +480											−229 −292	−517 −580

七、线性尺寸的未注公差

线性尺寸的未注公差见表 7-23。

表 7-23　线性尺寸的未注公差　　　　　　　　　　　　　　　　　　mm

公差等级	线性尺寸的极限偏差数值							倒圆半径与倒角高度尺寸的极限偏差数值			
	尺寸分段							尺寸分段			
	0.5~3	>3~6	>6~30	>30~120	>120~400	>400~1000	>1000~2000	>2000~4000	0.5~3	>3~6	>6~30	>30
f(精密级)	±0.05	±0.05	±0.1	±0.15	±0.2	±0.3	±0.5	—	±0.2	±0.5	±1	±2
m(中等级)	±0.1	±0.1	±0.2	±0.3	±0.5	±0.8	±1.2	±2				
c(粗糙级)	±0.2	±0.3	±0.5	±0.8	±1.2	±2	±3	±4	±0.4	±1	±2	±4
v(最粗级)	—	±0.5	±1	±1.5	±2.5	±4	±6	±8				
在图样上,技术文件或标准中的表示方法示例:GB/T 1804—1992m(表示选用中等级)											

八、形状和位置公差线性尺寸的未注公差

形状和位置公差线性尺寸的未注公差见表 7-24。

表 7-24　形状和位置公差特征项目的符号及标法

公差特征项目的符号						被测要素、基准要素的标注要求及其他附加符号			
公差	特征项目	符号	公差	特征项目	符号	说明	符号	说明	符号
形状	直线度	―	位置	定向	平行度	//	被测要素的标注	直接 ⟍	最大实体要求	Ⓜ
	平面度	▱			垂直度	⊥		用字母 A	最小实体要求	Ⓛ
					倾斜度	∠				
	圆度	○		定位	同轴(同心)度	◎	基准要素的标注	Ⓐ	可逆要求	Ⓡ
	圆柱度	⌭			对称度	=	基准目标的标注	φ2/A1	延伸公差带	Ⓟ
					位置度	⊕	理论正确尺寸	50	自由状态(非刚性零件)条件	Ⓕ
形状或位置	轮廓	线轮廓度	⌒	跳动	圆跳动	↗				
		面轮廓度	⌓		全跳动	⌰	包容要求	Ⓔ	全周(轮廓)	⌀
公差框格	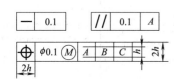					公差要求在矩形方框中给出,该方框由 2 格或多格组成。框格中的内容从左到右按以下次序填写: ——公差特征的符号; ——公差值; ——如需要,用一个或多个字母表示基准要素或基准体系。 (h 为图样中采用字体的高度)			

九、形状和位置公差的数值直线度、平面度公差

形状和位置公差的数值直线度、平面度公差见表 7-25。

表 7-25 形状和位置公差的数值直线度、平面度公差　　　　　　　　　μm

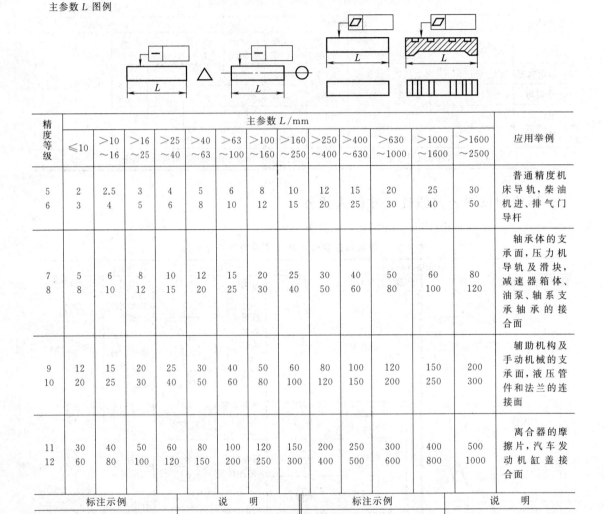

主参数 L 图例

精度等级	主参数 L/mm													应用举例
	≤10	>10 ~16	>16 ~25	>25 ~40	>40 ~63	>63 ~100	>100 ~160	>160 ~250	>250 ~400	>400 ~630	>630 ~1000	>1000 ~1600	>1600 ~2500	
5	2	2.5	3	4	5	6	8	10	12	15	20	25	30	普通精度机床导轨，柴油机进、排气门导杆
6	3	4	5	6	8	10	12	15	20	25	30	40	50	
7	5	6	8	10	12	15	20	25	30	40	50	60	80	轴承体的支承面，压力机导轨及滑块，减速器箱体、油泵、轴系支承轴承的接合面
8	8	10	12	15	20	25	30	40	50	60	80	100	120	
9	12	15	20	25	30	40	50	60	80	100	120	150	200	辅助机构及手动机械的支承面，液压管件和法兰的连接面
10	20	25	30	40	50	60	80	100	120	150	200	250	300	
11	30	40	50	60	80	100	120	150	200	250	300	400	500	离合器的摩擦片，汽车发动机缸盖接合面
12	60	80	100	120	150	200	250	300	400	500	600	800	1000	

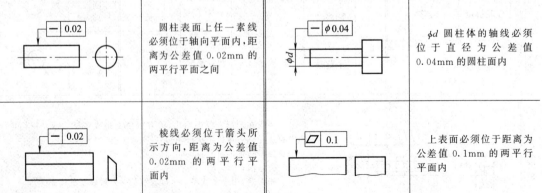

标注示例	说　明	标注示例	说　明
	圆柱表面上任一素线必须位于轴向平面内，距离为公差值 0.02mm 的两平行平面之间		φd 圆柱体的轴线必须位于直径为公差值 0.04mm 的圆柱面内
	棱线必须位于箭头所示方向，距离为公差值 0.02mm 的两平行平面内		上表面必须位于距离为公差值 0.1mm 的两平行平面内

注：表中"应用举例"非 GB/T 1184—1996 内容，仅供参考。

十、圆度、圆柱度公差

圆度、圆柱度公差见表 7-26。

表 7-26 圆度、圆柱度公差 μm

主参数 $d(D)$ 图例

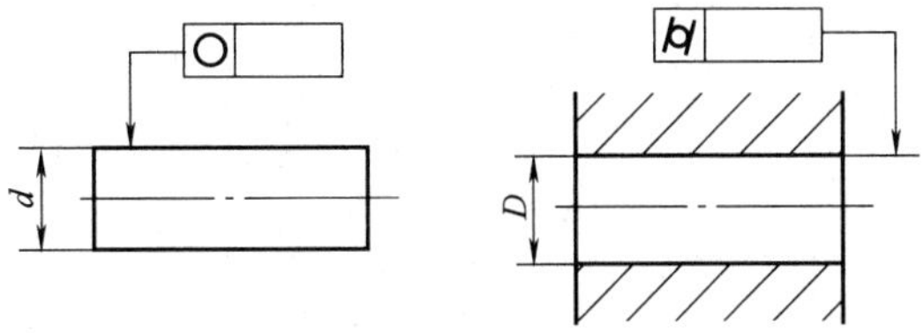

精度等级	主参数 $d(D)$/mm										应用举例
	>10～18	>18～30	>30～50	>50～80	>80～120	>120～180	>180～250	>250～315	>315～400	>400～500	
7 8	5 8	6 9	7 11	8 13	10 15	12 18	14 20	16 23	18 25	20 27	发动机的胀圈、活塞销及连杆中装衬套的孔等，千斤顶或压力油缸活塞，水泵及减速器轴颈，液压传动系统的分配机构，拖拉机气缸体与气缸套配合面，炼胶机冷铸轧辊
9 10	11 18	13 21	16 25	19 30	22 35	25 40	29 46	32 52	36 57	40 63	起重机、卷扬机用的滑动轴承，带软密封的低压泵的活塞和气缸，通用机械杠杆与拉杆，拖拉机的活塞环与套筒孔

标注示例	说　　明
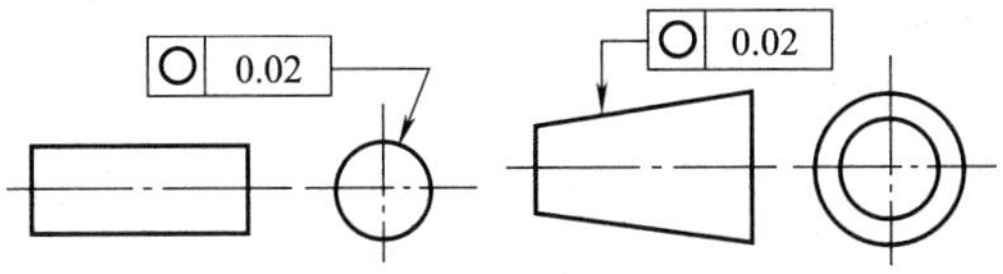	被测圆柱（或圆锥）面任一正截面的圆周必须位于半径差为公差值 0.02mm 的两同心圆之间
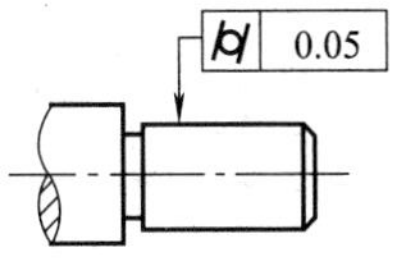	被测圆柱面必须位于半径差为公差值 0.05mm 的两同轴圆柱面之间

十一、平行度、垂直度、倾斜度公差

平行度、垂直度、倾斜度公差见表 7-27。

表 7-27　平行度、垂直度、倾斜度公差　　　　　　　　　　　　　μm

主参数 L、$d(D)$ 图例

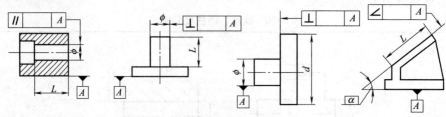

精度等级	主参数 L、$d(D)$/mm													应用举例	
	≤10	>10~16	>16~25	>25~40	>40~63	>63~100	>100~160	>160~250	>250~400	>400~630	>630~1000	>1000~1600	>1600~2500	平行度	垂直度
7	12	15	20	25	30	40	50	60	80	100	120	150	200	一般机床零件的工作面或基准面，压力机和锻锤的工作面，中等精度钻模的工作面，一般刀、量、模具，机床一般轴承孔对基准面的要求，床头箱一般孔间要求，气缸轴线，变速器箱孔，主轴花键对定心直径，重型机械轴承盖的端面，卷扬机、手动传动装置中的传动轴	低精度机床主要基准面和工作面、回转工作台端面跳动，一般导轨，主轴箱体孔，刀架、砂轮架及工作台回转中心，机床轴肩、气缸配合面对其轴线、活塞销孔对活塞中心线以及装 P6、P0 级轴承壳体孔的轴线等
8	20	25	30	40	50	60	80	100	120	150	200	250	300		
9	30	40	50	60	80	100	120	150	200	250	300	400	500	低精度零件，重型机械滚动轴承端盖，柴油机和煤气发动机的曲轴孔、轴颈等	花键轴轴肩端面、带式输送机法兰盘等端面对轴心线，手动卷扬机及传动装置中轴承端面、减速器壳体平面等
10	50	60	80	100	120	150	200	250	300	400	500	600	800		

标注示例	说　明	标注示例	说　明
‖ 0.05 A	上表面必须位于距离为公差值 0.05mm，且平行于基准表面 A 的两平行平面之间	⊥ 0.1 A	ϕd 的轴线必须位于距离为公差值 0.1mm，且垂直于基准平面的两平行平面之间（若框格内数字标注为 $\phi 0.1$mm，则说明 ϕd 的轴线必须位于直径为公差值 0.1mm，且垂直于基准平面 A 的圆柱面内）
‖ 0.03 A	孔的轴线必须位于距离为公差值 0.03mm，且平行于基准表面 A 的两平行平面之间	⊥ 0.05 A	左侧端面必须位于距离为公差值 0.05mm，且垂直于基准轴线的两平行平面之间

十二、同轴度、对称度、圆跳动和全跳动公差

同轴度、对称度、圆跳动和全跳动公差见表 7-28。

表 7-28　同轴度、对称度、圆跳动和全跳动公差　　　　　　　　　　　　　　μm

主参数 $d(D)$、B、L 图例

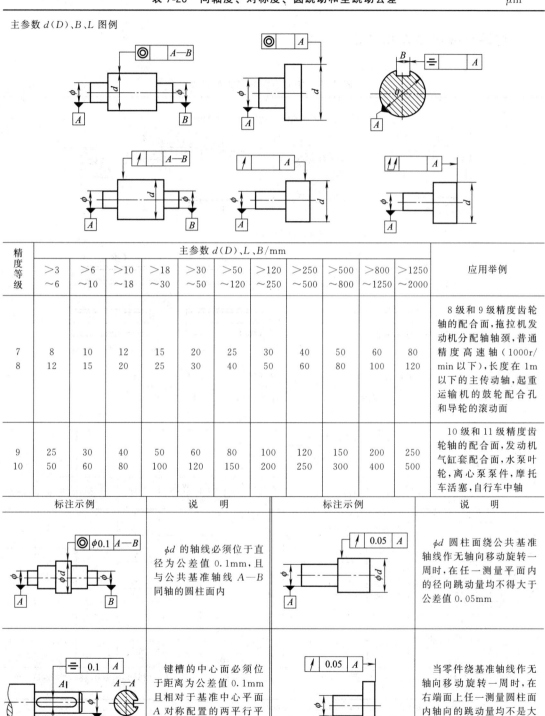

精度等级	主参数 $d(D)$、L、B/mm											应用举例
	>3 ~6	>6 ~10	>10 ~18	>18 ~30	>30 ~50	>50 ~120	>120 ~250	>250 ~500	>500 ~800	>800 ~1250	>1250 ~2000	
7	8	10	12	15	20	25	30	40	50	60	80	8 级和 9 级精度齿轮轴的配合面，拖拉机发动机分配轴轴颈，普通精度高速轴（1000r/min 以下），长度在 1m 以下的主传动轴，起重运输机的鼓轮配合孔和导轮的滚动面
8	12	15	20	25	30	40	50	60	80	100	120	
9	25	30	40	50	60	80	100	120	150	200	250	10 级和 11 级精度齿轮轴的配合面，发动机气缸套配合面，水泵叶轮，离心泵泵件，摩托车活塞，自行车中轴
10	50	60	80	100	120	150	200	250	300	400	500	

标注示例	说　　明	标注示例	说　　明
	ϕd 的轴线必须位于直径为公差值 0.1mm，且与公共基准轴线 A—B 同轴的圆柱面内		ϕd 圆柱面绕公共基准轴线作无轴向移动旋转一周时，在任一测量平面内的径向跳动量均不得大于公差值 0.05mm
	键槽的中心面必须位于距离为公差值 0.1mm 且相对于基准中心平面 A 对称配置的两平行平面之间		当零件绕基准轴线作无轴向移动旋转一周时，在右端面上任一测量圆柱面内轴向的跳动量均不是大于公差值 0.05mm

第四节　键　连　接

一、普通平键的形式和尺寸

普通平键的形式和尺寸见表 7-29。

表 7-29　普通平键的形式和尺寸　　　　　　　　　　　　　　　　　　mm

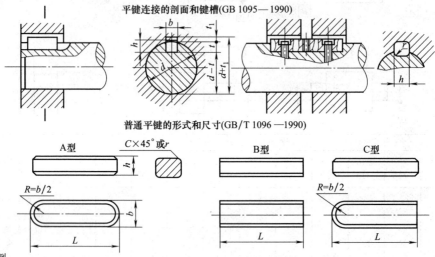

平键连接的剖面和键槽(GB 1095—1990)

普通平键的形式和尺寸(GB/T 1096—1990)

标记示例：
圆头普通平键（A 型）$b=16$mm、$h=10$mm、$L=100$mm：键 A16×100　GB/T 1096—1990
平头普通平键（B 型）$b=16$mm、$h=10$mm、$L=100$mm：键 B16×100　GB/T 1096—1990
单圆头普通平键（C 型）$b=16$mm、$h=10$mm、$L=100$mm：键 C16×100　GB/T 1096—1990

轴		键	键　槽										
公称直径 d		公称尺寸 $b \times h$	宽度 b 的极限偏差				深度				半径 r	
			较松键连接		一般键连接		较紧键连接	轴 t		毂 t_1			
大于	至		轴 H9	毂 D10	轴 N9	毂 JS9	轴和毂 P9	公称尺寸	极限偏差	公称尺寸	极限偏差	最小	最大
12	17	5×5	+0.030	+0.078	0	±0.015	−0.012	3.0	+0.1	2.3	+0.1	0.16	0.25
17	22	6×6	0	0.030	−0.030		−0.042	3.5	0	2.8	0		
22	30	8×7	+0.036	+0.098	0	±0.018	−0.015	4.0		3.3			
30	38	10×8	0	+0.040	−0.036		−0.051	5.0		3.3			
38	44	12×8						5.0		3.3			
44	50	14×9	+0.043	+0.120	0	±0.0215	−0.018	5.5		3.8		0.25	0.40
50	58	16×10	0	+0.050	−0.043		−0.061	6.0	+0.2	4.3	+0.2		
58	65	18×11						7.0	0	4.4	0		
65	75	20×12						7.5		4.9			
75	85	22×14	+0.052	+0.149	0	±0.026	−0.022	9.0		5.4		0.40	0.60
85	95	25×14	0	0.065	−0.052		−0.074	9.0		5.4			
95	110	28×16						10.0		6.4			
键的长度系列		14,16,18,20,22,25,28,32,36,40,45,50,56,63,70,80,90,100,110,125,140,160,180,200,250,280,320,360												

注：1. 在工作图中，轴槽深用 t 或（$d-t$）标注，轮毂槽深用（$d+t_1$）标注。
2.（$d-t$）和（$d+t_1$）两组组合尺寸的极限偏差按相应的 t 和 t_1 极限偏差选取，但（$d-t$）极限偏差值应取负号（−）。
3. 键长 L 公差为 h14；宽 b 公差为 h9；高 h 公差为 h11。
4. 轴槽、轮毂槽的键槽宽度 b 两侧面的表面粗糙度参数 Ra 值推荐为 $1.6\sim3.2\mu m$；轴槽底面、轮毂槽底面的表面粗糙度参数 Ra 值为 $6.3\mu m$。

二、半圆键的形式和尺寸

半圆键的形式和尺寸见表7-30。

表7-30 半圆键的形式和尺寸

mm

标记示例：

半圆键，$b=6\text{mm}$，$h=10\text{mm}$，$d_1=25\text{mm}$ 的标记：键 $6\times10\times25$　GB/T 1099

轴径 d 键传递扭矩	轴径 d 键定位用	键 公称尺寸 $b\times h\times d_1$	宽度 b 公称尺寸	一般键连接 轴 N9	一般键连接 毂 JS9	较紧键连接 轴和毂 P9	键槽 深度 轴 t 公称尺寸	轴 t 极限偏差	键槽 深度 毂 t_1 公称尺寸	毂 t_1 极限偏差	半径 r 最小	半径 r 最大	键宽 b(h9)	高度 h(h11)	直径 d_1(h12)	$L\approx$	C 最小	C 最大	每1000件的质量 $\approx$/kg
3~4	3~4	1.0×1.4×4	1.0	−0.004 / −0.029	±0.012	−0.006 / −0.031	1.0	+0.1 / 0	0.6	+0.1 / 0	0.08	0.16	0 / −0.025	0 / −0.060	0 / −0.120	3.9	0.16	0.25	0.031
>4~5	>4~6	1.5×2.6×7	1.5	−0.004 / −0.029	±0.012	−0.006 / −0.031	2.0	+0.1 / 0	0.8	+0.1 / 0	0.08	0.16	0 / −0.025	0 / −0.060	0 / −0.150	6.8	0.16	0.25	0.153
>5~6	>6~8	2.0×2.6×7	2.0	−0.004 / −0.029	±0.012	−0.006 / −0.031	1.8	+0.1 / 0	1.0	+0.1 / 0	0.08	0.16	0 / −0.025	0 / −0.060	0 / −0.150	6.8	0.16	0.25	0.204
>6~7	>8~10	2.0×3.7×10	2.0	−0.004 / −0.029	±0.012	−0.006 / −0.031	2.9	+0.1 / 0	1.0	+0.1 / 0	0.08	0.16	0 / −0.025	0 / −0.075	0 / −0.150	9.7	0.16	0.25	0.414
>7~8	>10~12	2.5×3.7×10	2.5	−0.004 / −0.029	±0.012	−0.006 / −0.031	2.7	+0.1 / 0	1.2	+0.1 / 0	0.08	0.16	0 / −0.025	0 / −0.075	0 / −0.150	9.7	0.16	0.25	0.518
>8~10	>12~15	3.0×5.0×13	3.0	0 / −0.030	±0.015	−0.012 / −0.042	3.8	+0.2 / 0	1.4	+0.2 / 0	0.16	0.25	0 / −0.025	0 / −0.075	0 / −0.180	12.7	0.25	0.40	1.10
>10~12	>15~18	3.0×6.5×16	3.0	0 / −0.030	±0.015	−0.012 / −0.042	5.3	+0.2 / 0	1.4	+0.2 / 0	0.16	0.25	0 / −0.025	0 / −0.090	0 / −0.180	15.7	0.25	0.40	1.80
>12~14	>18~20	4.0×6.5×16	4.0	0 / −0.030	±0.015	−0.012 / −0.042	5.0	+0.2 / 0	1.8	+0.2 / 0	0.16	0.25	0 / −0.025	0 / −0.090	0 / −0.180	15.7	0.25	0.40	2.40
>14~16	>20~22	4.0×7.5×19	4.0	0 / −0.030	±0.015	−0.012 / −0.042	6.0	+0.2 / 0	1.8	+0.2 / 0	0.16	0.25	0 / −0.025	0 / −0.090	0 / −0.210	18.6	0.25	0.40	3.27
>16~18	>22~25	5.0×6.5×16	5.0	0 / −0.030	±0.015	−0.012 / −0.042	4.5	+0.2 / 0	2.3	+0.2 / 0	0.16	0.25	0 / −0.025	0 / −0.090	0 / −0.180	15.7	0.25	0.40	3.01

续表

轴径 d 键传递扭矩	轴径 d 键定位用	键 公称尺寸 $b×h×d_1$	宽度 b 公称尺寸	一般键连接 轴 N9	一般键连接 毂 JS9	较紧键连接 轴和毂 P9	深度 轴 t 公称尺寸	轴 t 极限偏差	深度 毂 t_1 公称尺寸	毂 t_1 极限偏差	半径 r 最小	半径 r 最大	键宽 b (h9)	高度 h (h11)	直径 d_1 (h12)	$L≈$	C 最小	C 最大	每1000件的质量 ≈/kg
>25~28	>18~20	5.0×7.5×19	5.0	0 / −0.030	±0.015	−0.012 / −0.042	5.5	+0.2 / 0	2.3	+0.1 / 0	0.16	0.25	0 / −0.030	0 / −0.090	0 / −0.210	18.6	0.25	0.40	4.09
>28~32	>20~22	5.0×9.0×22	5.0	0 / −0.030	±0.015	−0.012 / −0.042	7.0	+0.2 / 0	2.3	+0.1 / 0	0.16	0.25	0 / −0.030	0 / −0.090	0 / −0.210	21.6	0.25	0.40	5.73
>32~36	>22~25	6.0×9.0×22	6.0	0 / −0.030	±0.015	−0.012 / −0.042	6.5	+0.2 / 0	2.8	+0.1 / 0	0.16	0.25	0 / −0.030	0 / −0.090	0 / −0.210	21.6	0.25	0.40	6.88
>36~40	>25~28	6.0×10.0×25	6.0	0 / −0.030	±0.015	−0.012 / −0.042	7.5	+0.2 / 0	2.8	+0.1 / 0	0.16	0.25	0 / −0.030	0 / −0.090	0 / −0.210	24.5	0.25	0.40	8.64
40	>28~32	8.0×11.0×28	8.0	0 / −0.036	±0.018	−0.015 / −0.051	8.0	+0.3 / 0	3.3	+0.2 / 0	0.25	0.40	0 / −0.036	0 / −0.110	0 / −0.250	27.4	0.40	0.60	14.1
—	>32~38	10.0×13.0×32	10.0	0 / −0.036	±0.018	−0.015 / −0.051	10.0	+0.3 / 0	3.3	+0.2 / 0	0.25	0.40	0 / −0.036	0 / −0.110	0 / −0.250	31.4	0.40	0.60	19.3

注：1. 键槽表面粗糙度一般按如下的规定：轴槽、轮毂槽宽度两侧面的表面粗糙度 Ra 值推荐为 1.6~3.2μm，轴槽底面、轮毂槽底面的表面粗糙度 Ra 值为 6.3μm。
2. 键槽的对称度公差：为便于装配，轴槽及轮毂槽对轴心的对称度公差根据不同要求，一般可按 GB/T 1184—1996 中附表中附表对称度公差 7~9 级选取。键槽（轴槽及轮毂槽）的对称度公差的公称尺寸是指键宽 b。
3. 表中 $d-t$ 和 $d+t_1$ 两组组合尺寸的极限偏差按相应的 t 和 t_1 的极限偏差选取，但 $d-t$ 的极限偏差值应取负号（−）。
4. 在工作图中，轴槽深用 t 或 $d-t$ 标注，轮毂槽深采用 $d+t_1$ 标注。

三、矩形花键基本尺寸系列及公差

矩形花键基本尺寸系列及公差见表7-31。

表7-31　矩形花键基本尺寸系列及公差　　　　　　　　　　　　　　　　mm

小径 r	轻系列					中系列				
	规格 $N \times d \times D \times B$	C	r	参考		规格 $N \times d \times D \times B$	C	r	参考	
				d_{1min}	a_{min}				d_{1min}	a_{min}
	配合面		一般用			精密传动用				
内花键尺寸公差带	小径 d		H7			H5			H6	
	大径 D		H10			H10				
	槽宽 B 拉削后不热处理		H9			H7（需要控制键侧配合间隙时）				
	拉削后热处理		H11			H9（一般情况下）				
外花键尺寸公差带	小径 d	f7	g7	h7		f5	g5	h5	f6	g6	h6
	大径 D		a11			a11				
	键宽 B	d10	f9	h10		d8	f7	h8	d8	f7	d8
	装配形式	滑动	紧滑动	固定		滑动	紧滑动	固定	滑动	紧滑动	固定
键（槽）宽的对称度公差 t_2	键（槽）宽 B 3.5～6		0.012			0.008				
	7～10		0.015			0.009				
	12～18		0.018			0.011				
位置度公差 t_1	键（槽）宽 B 3.5～6		0.015							
	7～10		0.020							
	12～18		0.025							

第五节　其他常用标准件

一、圆柱销和圆锥销

圆柱销和圆锥销见表7-32。

表7-32　圆柱销和圆锥销　　　　　　　　　　　　　　　　mm

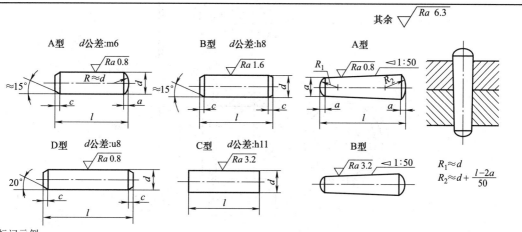

标记示例：

公称直径 $d=8$mm，长度 $l=30$mm，材料为35钢，热处理硬度28～38HRC，表面氧化处理的A型圆柱销：销GB/T 119—2000 A8×30

公称直径 $d=10$mm，长度 $l=60$mm，材料为35钢，热处理硬度28～38HRC，表面氧化处理的A型圆锥销：销GB/T 117—2000 A10×60

续表

			2	3	4	5	6	8	10	12	16	20	25	30
		公称	2	3	4	5	6	8	10	12	16	20	25	30
d	圆柱销	A型 min	2.002	3.002	4.004	5.004	6.004	8.006	10.006	12.007	16.007	20.008	25.008	30.008
		A型 max	2.008	3.008	4.012	5.012	6.012	7.015	10.015	12.018	16.018	20.021	25.021	30.021
		B型 min	1.986	2.986	3.982	4.982	5.982	8.978	9.978	11.973	15.973	19.967	24.967	29.967
		B型 max	2	3	4	5	6	8	10	12	16	20	25	35
		C型 min	1.94	2.94	3.925	4.925	5.925	7.91	9.91	11.89	15.89	19.87	24.87	29.87
		C型 max	2	3	4	5	6	8	10	12	16	20	25	30
		D型 min	2.018	3.018	4.023	5.023	6.023	8.028	10.028	12.033	16.033	20.041	25.048	30.048
		D型 max	2.032	3.032	4.041	5.041	6.041	8.050	10.050	12.06	16.06	20.074	25.081	30.081
	圆锥销	min	1.96	2.96	3.95	4.95	5.95	7.94	9.94	11.93	15.93	19.92	24.92	29.92
		max	2	3	4	5	6	8	10	12	16	20	25	30
a		$\approx$	0.25	0.40	0.5	0.63	0.80	1.0	1.2	1.6	2.0	2.5	3.0	4.0
c		$\approx$	0.35	0.50	0.63	0.80	1.2	1.6	2.0	2.5	3.0	3.5	4.0	5.0
l 商品规格范围	圆柱销		6～20	8～28	8～35	10～50	12～60	14～80	16～95	22～140	26～180	35～200	50～200	60～200
	圆锥销		10～35	12～45	14～55	18～60	22～90	22～120	26～260	32～180	40～200	45～200	50～200	55～200
l 系列 公称			6,8,12,14,16,18,20,22,24,26,28,30,32,35～100(10 进位),120,140,160,180,200

注：材料为 35、45；热处理硬度为 28～38HRC、38～46HRC。

二、轴用弹性挡圈—A 型

轴用弹性挡圈—A 型见表 7-33。

表 7-33　轴用弹性挡圈—A 型　　　　　　　　　　　mm

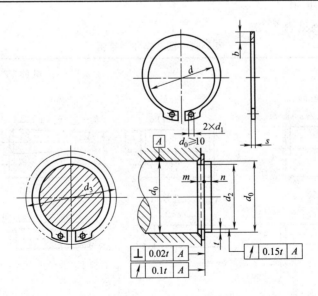

标记示例：

挡圈　GB/T 894.1　50

（轴径 $d_0=50$mm，材料 65Mn，热处理 44～51HRC，经表面氧化处理的 A 型轴用弹性挡圈）

d_3——允许套人的最小孔径

续表

轴径 d_0	挡圈 d	s	b≈	d_1	沟槽(推荐) d_2	m	n≥	孔 d_3≥	轴径 d_0	挡圈 d	s	b≈	d_1	沟槽(推荐) d_2	m	n≥	孔 d_3≥
18	16.5		2.48	1.7	17			27	50	45.8		5.48		47			64.8
19	17.5				18			28	52	47.8				49			67
20	18.5	1			19	1.1	1.5	29	55	50.8				52	2.2		70.4
21	19.5		2.68		20			31	56	51.8	2			53			71.7
22	20.5				21			32	58	53.8				55			73.6
24	22.2		3.32	2	22.9		1.7	34	60	55.8		6.12	3	57		4.5	75.8
25	23.2				23.9			35	62	57.8				59			79
26	24.2	1.2			24.9			36	63	58.8				60			79.6
28	25.9		3.60		26.6	1.3	2.1	38.4	65	60.8				62			81.6
29	26.9		3.72		27.6			39.8	68	63.5				65			85
30	27.9				28.6			42	70	65.5				67			87.2
32	29.6		3.92		30.3		2.6	44	72	67.5		6.32		69			89.4
34	31.5		4.32		32.3			46	75	70.5				72			92.8
35	32.2				33			48	78	73.5	2.5			75	2.7		96.2
36	33.2		4.52	2.5	34		3	49	80	74.5				76.5			98.2
37	34.2				35			50	82	76.5				78.5			101
38	35.2	1.5			36	1.7		51	85	79.5		7.0		81.5			104
40	36.5				37.5			53	88	82.5				84.5		5.3	107.3
42	38.5		5.0		39.5			56	90	84.5		7.6		86.5			110
45	41.6				42.5		3.8	59.4	95	89.5				91.5			115
48	43.5				45.5			62.8	100	94.5		9.2		96.5			121

三、孔用弹性挡圈—A 型

孔用弹性挡圈—A 型见表 7-34。

表 7-34　孔用弹性挡圈—A 型　　　　　　　　　　mm

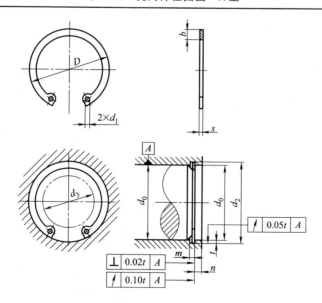

标记示例：

挡圈　GB/T 893.1　50

（孔径 d_0＝50mm，材料 65Mn，热处理硬度 44~51HRC，经表面氧化处理的 A 型孔用弹性挡圈）

d_3——允许套人的最大轴径

续表

孔径 d_0	D	s	$b\approx$	d_1	d_2	m	$n\geqslant$	轴 $d_3\leqslant$	孔径 d_0	D	s	$b\approx$	d_1	d_2	m	$n\geqslant$	轴 $d_3\leqslant$
30	32.1	1.2	3.2	2.5	31.4	1.3	2.1	18	65	69.2		5.2		68			48
31	33.4				32.7			19	68	72.5				71			50
32	34.4				33.7		2.6	20	70	74.5		5.7		73		4.5	53
34	36.5				35.7			22	72	76.5				75			55
35	37.8		3.6		37			23	75	79.5		6.3		78			56
36	38.8				38		3	24	78	82.5				81			60
37	39.8				39			25	80	85.5				83.5			63
38	40.8	1.5			40	1.7		26	82	87.5	2.5	6.8	3	85.5	2.7		65
40	43.5		4		42.5			27	85	90.5				88.5			68
42	45.5				44.5		3.8	29	88	93.5		7.3		91.5			70
45	48.5		4.7	3	47.5			31	90	95.5				93.5		5.3	72
47	50.5				49.5			32	92	97.5				95.5			73
48	51.5	1.5			50.5	1.7	3.8	33	95	100.5		7.7		98.5			75
50	54.2		4.7		53			36	98	103.5				101.5			78
52	56.2				55			38	100	105.5				103.5			80
55	59.2				58			40	102	108		8.1		106			82
56	60.2	2		3	59	2.2	4.5	41	105	112				109			83
58	62.2				61			43	108	115	2	8.8	4	112	3.2	6	86
60	64.2		5.2		63			44	110	117				114			88
62	66.2				65			45	112	119		9.3		116			89
63	67.2				66			46									

第 八 章

减速器设计资料

第一节 传动件结构及尺寸

一、普通 V 带带轮的结构及尺寸

普通 V 带带轮的结构及尺寸见表 8-1 和表 8-2。

表 8-1　普通 V 带带轮轮槽尺寸　　　　　　　　　　　　　　mm

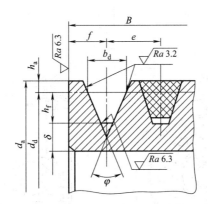

项目		符号	槽型						
			Y	Z	A	B	C	D	E
基准宽度		b_d	5.3	8.5	11.0	14.0	19.0	27.0	32.0
基准线上槽深		h_{amin}	1.6	2.0	2.75	3.5	4.8	8.1	9.6
基准线下槽深		h_{fmin}	4.7	7.0	8.7	10.8	14.3	19.9	23.4
槽间距		e	8±0.3	12±0.3	15±0.3	19±0.4	25.5±0.5	37±0.6	44.5±0.7
槽边距		f_{min}	6	7	9	11.5	16	23	28
最小轮缘厚		δ_{min}	5	5.5	6	7.5	10	12	15
外径		d_a	$d_a = d_d + 2h_a$						
带轮宽		B	$B=(z-1)e+2f$,z 为轮槽数						
轮槽角 φ	32°	基准直径 d_d	≤60						
	34°			≤80	≤118	≤190	≤315		
	36°		>60					≤475	≤600
	38°			>80	>118	>190	>315	>475	>600
	极限偏差		±1°				±30′		

表 8-2　普通 V 带带轮的结构及尺寸　　　　　　　mm

实心式
$d_d \leqslant 2.5d$

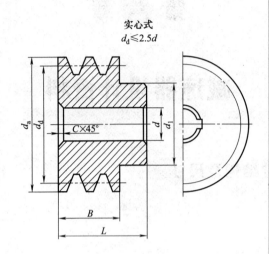

辐板式
$d_d \leqslant 300$　$(D_1 - d_1 < 100)$

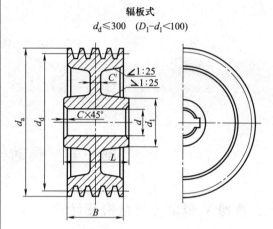

孔板式
$d_d \leqslant 300$　$(D_1 - d_1 \geqslant 100)$

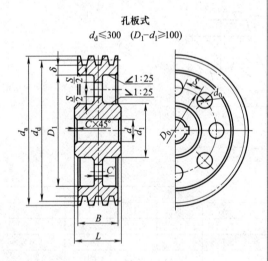

轮辐式
$d_d > 300$

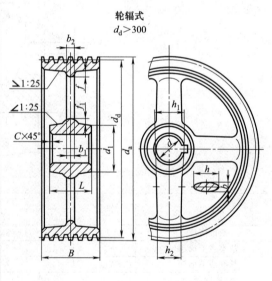

$d_1 = (1.8 \sim 2)d$，d 为轴的直径；$L = (1.5 \sim 2)d$，当 $B < 1.5d$ 时，$L = B$

$D_0 = 0.5(D_1 + d_1)$；$d_0 = (0.2 \sim 0.3)(D_1 - d_1)$；$C' = \left(\dfrac{1}{7} \sim \dfrac{1}{4}\right)B$；$S = C'$

$h_1 = 290\sqrt[3]{\dfrac{P}{n z_a}}$ 式中，P 为传递的功率，kW；n 为带轮的转速，r/min；z_a 为轮辐数

$h_2 = 0.8h_1$；$b_1 = 0.4h_1$；$b_2 = 0.8b_1$；$f_1 = 0.2h_1$；$f_2 = 0.2h_2$

二、圆柱齿轮的结构及尺寸

圆柱齿轮的结构及尺寸见表 8-3。

表 8-3　圆柱齿轮的结构及尺寸　　　　　　　　　　　　　　　mm

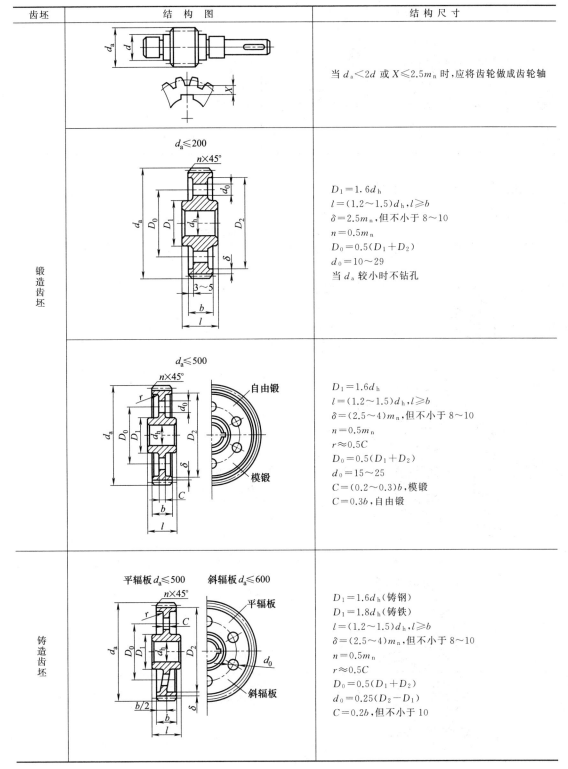

齿坯	结　构　图	结　构　尺　寸
		当 $d_a < 2d$ 或 $X \leqslant 2.5m_n$ 时,应将齿轮做成齿轮轴
锻造齿坯	$d_a \leqslant 200$	$D_1 = 1.6d_h$ $l = (1.2 \sim 1.5)d_h, l \geqslant b$ $\delta = 2.5m_n$,但不小于 $8 \sim 10$ $n = 0.5m_n$ $D_0 = 0.5(D_1 + D_2)$ $d_0 = 10 \sim 29$ 当 d_a 较小时不钻孔
	$d_a \leqslant 500$ 自由锻 模锻	$D_1 = 1.6d_h$ $l = (1.2 \sim 1.5)d_h, l \geqslant b$ $\delta = (2.5 \sim 4)m_n$,但不小于 $8 \sim 10$ $n = 0.5m_n$ $r \approx 0.5C$ $D_0 = 0.5(D_1 + D_2)$ $d_0 = 15 \sim 25$ $C = (0.2 \sim 0.3)b$,模锻 $C = 0.3b$,自由锻
铸造齿坯	平辐板 $d_a \leqslant 500$　斜辐板 $d_a \leqslant 600$ 平辐板 斜辐板	$D_1 = 1.6d_h$(铸钢) $D_1 = 1.8d_h$(铸铁) $l = (1.2 \sim 1.5)d_h, l \geqslant b$ $\delta = (2.5 \sim 4)m_n$,但不小于 $8 \sim 10$ $n = 0.5m_n$ $r \approx 0.5C$ $D_0 = 0.5(D_1 + D_2)$ $d_0 = 0.25(D_2 - D_1)$ $C = 0.2b$,但不小于 10

齿坯	结 构 图	结 构 尺 寸
铸造齿坯	轮辐结构 $d_a > 1000, b \leqslant 200$ $n \times 45°$ >1:20 >1:20	$D_1 = 1.6d_h$（铸钢） $D_1 = 1.8d_h$（铸铁） $l = (1.2 \sim 1.5)d_h, l \geqslant b$ $\delta = (2.5 \sim 4)m_n$，但不小于 $8 \sim 10$ $n = 0.5m_n$ $R \approx 0.5C$ $C = H/5$ $e = 0.8\delta$ $H = 0.8d_h, H_1 = 0.8H$

三、直齿圆锥齿轮的结构及尺寸

直齿圆锥齿轮的结构及尺寸见表 8-4。

表 8-4　直齿圆锥齿轮的结构及尺寸　　　　　　　　　　　　　　　　　　mm

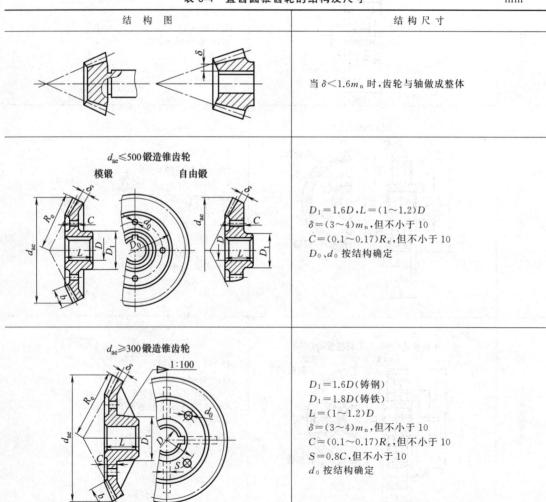

结 构 图	结 构 尺 寸
	当 $\delta < 1.6m_n$ 时，齿轮与轴做成整体
$d_{ae} \leqslant 500$ 锻造锥齿轮 模锻　　　自由锻	$D_1 = 1.6D, L = (1 \sim 1.2)D$ $\delta = (3 \sim 4)m_n$，但不小于 10 $C = (0.1 \sim 0.17)R_e$，但不小于 10 D_0, d_0 按结构确定
$d_{ae} \geqslant 300$ 锻造锥齿轮 1:100	$D_1 = 1.6D$（铸钢） $D_1 = 1.8D$（铸铁） $L = (1 \sim 1.2)D$ $\delta = (3 \sim 4)m_n$，但不小于 10 $C = (0.1 \sim 0.17)R_e$，但不小于 10 $S = 0.8C$，但不小于 10 d_0 按结构确定

四、蜗杆的结构及尺寸

蜗杆的结构及尺寸见表 8-5。

表 8-5　常用蜗杆的结构及尺寸　　　　　　　　　　　　　　　　　mm

类型	结　构　图	结构尺寸
车制	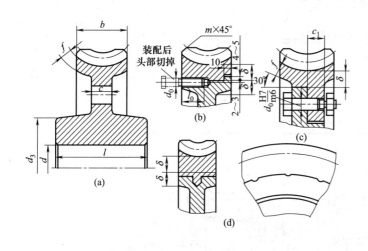	$d = d_{f1} - (2 \sim 4)$
铣制		d 可大于 d_{f1}

五、蜗轮的结构及尺寸

蜗轮的结构及尺寸见表 8-6。

表 8-6　常用蜗轮的结构及尺寸　　　　　　　　　　　　　　　　　mm

$$f = 1.7m \geqslant 10\text{mm}$$
$$\delta = 2m \geqslant 10\text{mm}$$
$$d_3 = (1.6 \sim 1.8)d$$
$$l = (1.2 \sim 1.8)d$$
$$d_c = (0.075 \sim 0.12)d \geqslant 5\text{mm}$$
$$l_0 = 2d_0 \quad c \approx 0.3b$$
$$c_1 = 0.25b$$

结构形式	特　点
(a)整体式	当直径小于 100mm 时,可用青铜铸成整体,当滑动速度 $v_s \leqslant 2\text{m/s}$ 时,可用铸铁铸成整体
(b)轮箍式	青铜轮缘与铸铁轮心通常采用 $\dfrac{\text{H7}}{\text{s6}}$ 配合,并加台肩和螺钉固定。螺钉数 6～12 个
(c)螺栓连接式	以光制螺栓连接,螺栓孔要同时铰制,其配合为 $\dfrac{\text{H7}}{\text{m6}}$。螺栓数按剪切计算确定,并以轮缘受挤压,校核轮缘材料,许用挤压应力 $\sigma_{jp} = 0.3\sigma_s$。$\sigma_s$——轮缘材料屈服点
(d)镶铸式	青铜轮缘镶铸在铸铁轮心上,并在轮心上预制出榫槽,以防滑动(适用于大批生产)

第二节　减速器附件

一、通气器

其常用结构及尺寸分别如表8-7～表8-9所示。

表8-7　通气塞（无过滤装置）　　　　　　　　　　　　　　　mm

d	D	D_1	S	L	l	a	d_1
M12×1.25	16	16.2	14	19	10	2	4
M16×1.5	22	19.6	17	23	12	2	5
M20×1.5	30	25.4	22	28	15	4	6
M22×1.5	32	27.4	24	29	15	4	7
M27×1.5	38	31.2	27	34	18	4	8

d	D	D_1	S	L	l	a	d_1
M12×1.25	16	16.2	14	19	10	2	4
M16×1.5	22	19.6	17	23	12	2	5
M20×1.5	30	25.4	22	28	15	4	6
M22×1.5	32	27.4	24	29	15	4	7
M27×1.5	38	31.2	27	34	18	4	8

注：1. 材料为 Q235。
2. S—扳手开口宽度。

表8-8　通气器（经一次过滤）　　　　　　　　　　　　　　　mm

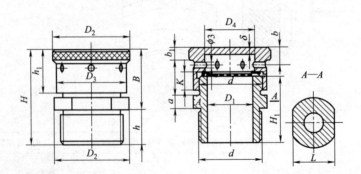

d	D_1	B	h	H	D_2	H_1	a	δ	K	b	h_1	b_1	D_3	D_4	L	孔数
M27×1.5	15	≈30	15	≈45	36	32	6	4	10	8	22	6	32	18	32	6
M36×2	20	≈40	20	≈60	48	42	8	4	12	11	29	8	42	24	41	6
M48×3	30	≈45	25	≈70	62	52	10	5	15	13	32	10	56	36	55	8

表8-9　通气器（经二次过滤）　　　　　　　mm

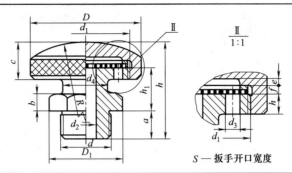

S — 扳手开口宽度

d	d_1	d_2	d_3	d_4	D	h	a	b	c	h_1	R	D_1	S	e	f
M18×1.5	M33×1.5	8	3	16	40	40	12	7	16	18	40	25.4	22	2	2
M27×1.5	M48×1.5	12	4.5	24	60	54	15	10	22	24	60	39.6	32	2	2

二、油塞及封油垫

油塞及封油垫见表8-10。

表8-10　油塞及封油垫的结构及尺寸　　　　　　　mm

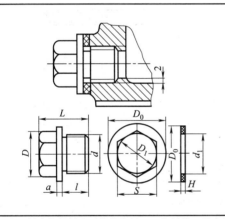

d	M14×1.5	M16×1.5	M20×1.5
D_0	22	26	30
L	22	23	28
l	12	12	15
a	3	3	4
D	19.6	19.6	25.4
S	17	17	22
D_1	≈0.95S		
d_1	15	17	22
H	2		

注：封油垫材料为石棉橡胶板、工业用革；油塞材料为Q235。

三、油标装置

常用油标装置的结构和尺寸分别见表8-11～表8-14。

表8-11　压配式圆形油标　　　　　　　mm

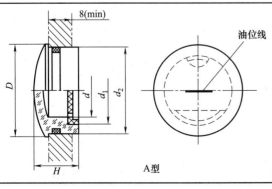

A型

标记示例：油标 A32 GB 1160.1—89（视孔 $d=32$，A 型压配式圆形油标）

d	D	d_1	d_2	H	O 形密封圈
20	34	22	32	16	25×3.55
25	40	28	38	16	31.5×3.55
32	48	35	45	18	38.7×3.55
40	58	45	55	18	48.7×3.55

表 8-12　长形油标　　　　　　　　　　　　　　　　　　mm

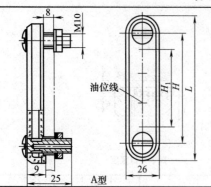

A型

油位线

标记示例：油标 A80 GB 1161—89（$H = 80$，A 型长形油标）

H	H_1	L	条数 n	O形密封圈	六角薄螺母	弹性垫圈
80	40	110	2			
100	60	130	3	10×2.65	M10	10
125	80	155	4			
160	120	190	5			

表 8-13　油标尺　　　　　　　　　　　　　　　　　　mm

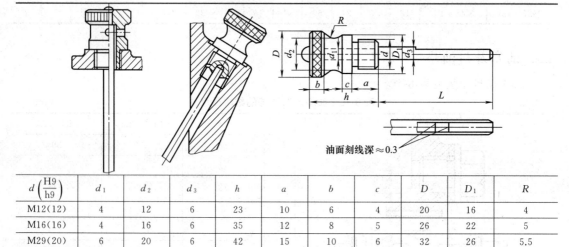

油面刻线深 ≈ 0.3

$d\left(\dfrac{\text{H9}}{\text{h9}}\right)$	d_1	d_2	d_3	h	a	b	c	D	D_1	R
M12(12)	4	12	6	23	10	6	4	20	16	4
M16(16)	4	16	6	35	12	8	5	26	22	5
M29(20)	6	20	6	42	15	10	6	32	26	5.5

注：油标尺长度根据结构尺寸确定，按油面的最高和最低位置确定两条刻线位置。

表 8-14　管状油标　　　　　　　　　　　　　　　　　　mm

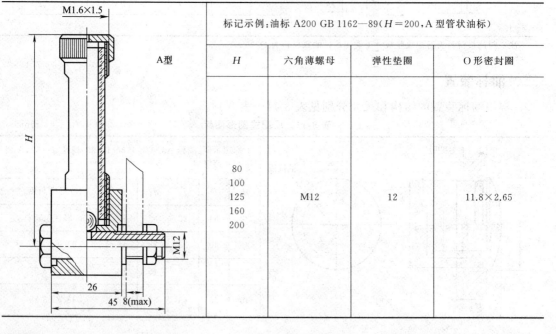

A型

标记示例：油标 A200 GB 1162—89（$H = 200$，A 型管状油标）

H	六角薄螺母	弹性垫圈	O形密封圈
80			
100			
125	M12	12	11.8×2.65
160			
200			

四、观察孔及观察孔盖

观察孔及观察孔盖见表 8-15。

表 8-15　观察孔及观察孔盖　　　　　　　　mm

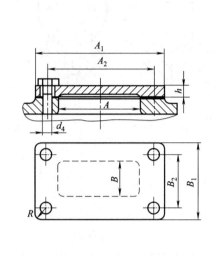

A	100、120、150、180、200
A_1	$A+(5\sim6)d_4$
A_2	$0.5(A+A_1)$
B	$B_1-(5\sim6)d_4$
B_1	箱体顶部宽$-(15\sim20)$
B_2	$0.5(B+B_1)$
d_4	M6~M8
R	5~10
h	6~10

注：垫片为石棉橡胶纸。

五、起吊装置

其结构及尺寸见表 8-16。

表 8-16　吊耳及吊钩　　　　　　　　mm

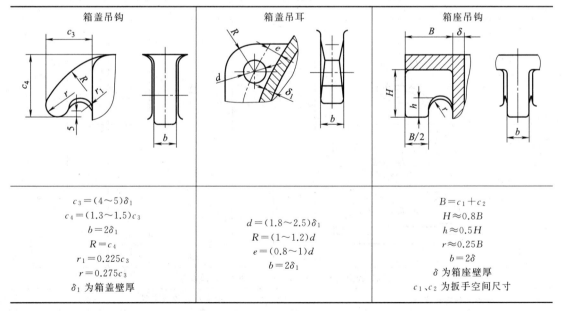

箱盖吊钩	箱盖吊耳	箱座吊钩
$c_3=(4\sim5)\delta_1$ $c_4=(1.3\sim1.5)c_3$ $b=2\delta_1$ $R=c_4$ $r_1=0.225c_3$ $r=0.275c_3$ δ_1 为箱盖壁厚	$d=(1.8\sim2.5)\delta_1$ $R=(1\sim1.2)d$ $e=(0.8\sim1)d$ $b=2\delta_1$	$B=c_1+c_2$ $H\approx0.8B$ $h\approx0.5H$ $r\approx0.25B$ $b=2\delta$ δ 为箱座壁厚 c_1、c_2 为扳手空间尺寸

六、吊环螺钉

吊环螺钉见表 8-17。

表 8-17　吊环螺钉　　　　　　　　　　　　　　mm

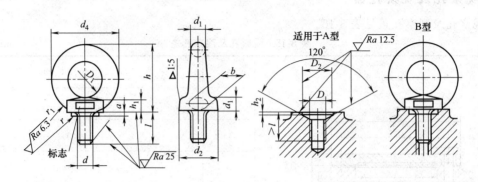

螺纹规格 d		M8	M10	M12	M16	M20	M24	M30
d_1(max)		9.1	11.1	13.1	15.2	17.4	21.4	25.7
D_1(公称)		20	24	28	34	40	48	56
d_2(max)		21.1	25.1	29.1	35.2	41.5	49.4	57.7
h_1(max)		7	9	11	13	15.1	19.1	23.2
h		18	22	26	31	36	44	53
d_4(参考)		36	44	52	62	72	88	104
r_1		4	4	6	6	8	12	15
r(min)		1	1	1	1	1	2	2
l(公称)		16	20	22	28	35	40	45
a(max)		2.5	3	3.5	4	5	6	7
b		10	12	14	16	19	24	28
D_2(公称 min)		13	15	17	22	28	32	38
h_2(公称 max)		2.5	3	3.5	4.5	5	7	8
是大起吊重量/kN	单螺钉起吊	1.6	2.5	4	6.3	10	16	25
	双螺钉起吊 90°(最大)	0.8	1.25	2	3.2	5	8	12.5

减速器重量 W(kN)与中心距 a 的关系(供参考)									
一级圆柱齿轮减速器					二级圆柱齿轮减速器				
a	100	160	200	250	315	100×140	140×200	180×250	200×280	250×355
W	0.26	1.05	2.1	4	8	1	2.6	4.8	6.8	12.5

注：螺钉采用 20 或 25 钢制造，螺纹公差为 8g。

七、轴承端盖及套杯

其结构和尺寸分别如表 8-18～表 8-20 所示。

表 8-18 凸缘式轴承盖 mm

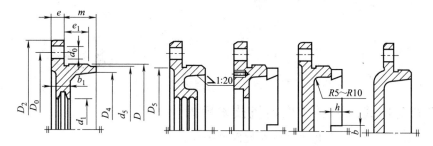

$$d_0 = d_3 + 1; d_5 = D - (2\sim4)$$
$$D_0 = D + 2.5d_3; D_5 = D_0 - 3d_3$$
$$D_2 = D_0 + 2.5d_3; b_1 \cdot d_1 \text{ 由密封尺寸确定}$$
$$e = (1\sim1.2)d_3; b = 5\sim10$$
$$e_1 \geqslant e; h = (0.8\sim1)b$$
$$m \text{ 由结构确定}; D_4 = D - (10\sim15)$$
$$d_3 \text{ 为端盖的连接螺钉直径, 尺寸见右表}$$

轴承外径 D	螺钉	
	直径 d_3	数量
45～65	M6～M8	4
70～100	M8～M10	4～6
110～140	M10～M12	6
150～230	M12～M16	6

注：材料为 HT150。

表 8-19 嵌入式轴承盖 mm

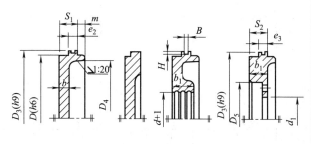

$e_2 = 8\sim12; S_1 = 15\sim20$
$e_3 = 5\sim8; S_2 = 10\sim15$
m 由结构确定
$b = 8\sim10$
$D_3 = D + e_2$, 装有 O 形圈的, 按 O 形圈外径取整
$D_5 \cdot b_1 \cdot d_1$ 等由密封尺寸确定
$H \cdot B$ 按 O 形圈的沟槽尺寸确定

注：材料为 HT150。

表 8-20 套杯 mm

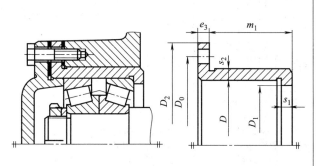

$D_0 = D + 2.5d_3 + 2s_2$
$D_2 = D_0 + 2.5d_3$
$s_1 = s_2 = 7\sim12$
$e_3 \approx s_2$
$D_1 \cdot m_1$ 由轴承结构尺寸确定
d_3 为螺钉直径
D 为轴承外径

注：材料为 HT150。

第 九 章

电动机

一、Y 系列封闭式三相异步电动机技术数据

Y 系列封闭式三相异步电动机技术数据见表 9-1。

表 9-1　Y 系列封闭式三相异步电动机技术数据

电动机型号	额定功率/kW	满载转速/r·min⁻¹	堵转转矩/额定转矩	最大转矩/额定转矩	电动机型号	额定功率/kW	满载转速/r·min⁻¹	堵转转矩/额定转矩	最大转矩/额定转矩
同步转速3000r/min,2极					同步转速1500r/min,4极				
Y801-2	0.75	2825	2.2	2.2	Y801-4	0.55	1390	2.2	2.2
Y802-2	1.1	2825	2.2	2.2	Y802-4	0.75	1390	2.2	2.2
Y90S-2	1.5	2840	2.2	2.2	Y90S-4	1.1	1400	2.2	2.2
Y90L-2	2.2	2840	2.2	2.2	Y90L-4	1.5	1400	2.2	2.2
Y100L-2	3	2880	2.2	2.2	Y100L1-4	2.2	1420	2.2	2.2
Y112M-2	4	2890	2.2	2.2	Y100L2-4	3	1420	2.2	2.2
Y132S1-2	5.5	2920	2.0	2.2	Y112M-4	4	1440	2.2	2.2
Y13252-2	7.5	2920	2.0	2.2	Y132S-4	5.5	1440	2.2	2.2
Y160M1-2	11	2930	2.0	2.2	Y132M-4	7.5	1440	2.2	2.2
Y160M2-2	15	2930	2.0	2.2	Y160M-4	11	1460	2.2	2.2
Y160L-2	18.5	2930	2.0	2.2	Y160L-4	15	1460	2.2	2.2
Y180M-2	22	2940	2.0	2.2	Y180M-4	18.5	1470	2.0	2.2
Y200L1-2	30	2950	2.0	2.2	Y180L-4	22	1470	2.0	2.2
Y200L2-2	37	2950	2.0	2.2	Y200L-4	30	1470	2.0	2.2
Y225M-2	45	2970	2.0	2.2	Y225S-4	37	1480	1.9	2.2
Y250M-2	55	2970	2.0	2.2	Y225M-4	45	1480	1.9	2.2
同步转速1000r/min,6极					Y250M-4	55	1480	2.0	2.2
Y90S-6	0.75	910	2.0	2.0	Y280S-4	75	1480	1.9	2.2
Y90L-6	1.1	910	2.0	2.0	Y280M-4	90	1480	1.9	2.2
Y100L-6	1.5	940	2.0	2.0	同步转速750r/min,8极				
Y112M-6	2.2	940	2.0	2.0	Y132S-8	2.2	710	2.0	2.0
Y132S-6	3	960	2.0	2.0	Y132M-8	3	710	2.0	2.0
Y132M1-6	4	960	2.0	2.0	Y160M1-8	4	720	2.0	2.0
Y132M2-6	5.5	960	2.0	2.0	Y160M2-8	5.5	720	2.0	2.0
Y160M-6	7.5	970	2.0	2.0	Y160L-8	7.5	720	2.0	2.0
Y160L-6	11	970	2.0	2.0	Y180L-8	11	730	1.7	2.0
Y180L-6	15	970	1.8	2.0	Y200L-8	15	730	1.8	2.0
Y200L1-6	18.5	970	1.8	2.0	Y225S-8	18.5	730	1.7	2.0
Y200L2-6	22	970	1.8	2.0	Y225M-8	22	730	1.8	2.0
Y225M-6	30	980	1.7	2.0	Y250M-8	30	730	1.8	2.0
Y250M-6	37	980	1.8	2.0	Y280S-8	37	740	1.8	2.0
Y280S-6	45	980	1.8	2.0	Y280M-8	45	740	1.8	2.0
Y280M-6	55	980	1.8	2.0	Y315S-8	55	740	1.6	2.0

　　注：电动机型号的意义：以 Y132S2-2-B3 为例，Y 表示系列代号，132 表示机座中心高，S 表示短机座，第二种铁心长度（M——中机座；L——长机座），2 为电动机的极数，B3 表示安装形式。

二、Y 系列电动机安装代号

Y 系列电动机安装代号见表 9-2。

表 9-2　Y 系列电动机的安装及外形尺寸　　　　　mm

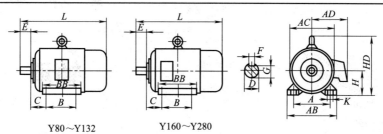

Y80～Y132　　　　Y160～Y280

机座号	极数	A	B	C	D	E	F	G	H	K	AB	AC	AD	HD	BB	L
80	2,4	125	100	50	19	40	6	15.5	80	10	165	165	150	170	130	285
90S		140	100	56	24 $\begin{array}{l}+0.009\\-0.004\end{array}$	50	8	20	90	10	180	175	155	190	130	310
90L	2,4,6	140	125	56	24	50	8	20	90	10	180	175	155	190	155	335
100L		160	125	63	28	60	8	24	100	12	205	205	180	245	170	380
112M		190	140	70	28	60	8	24	112	12	245	230	190	265	180	400
132S		216	140	89	38	80	10	33	132	12	280	270	210	315	200	475
132M		216	178	89	38	80	10	33	132	12	280	270	210	315	238	515
160M	2,4,6,8	254	210	108	42 $\begin{array}{l}+0.018\\+0.002\end{array}$	110	12	37	160	15	330	325	255	385	270	600
160L		254	254	108	42	110	12	37	160	15	330	325	255	385	314	645
180M		279	241	121	48	110	14	42.5	180	15	355	360	285	430	311	670
180L		279	279	121	48	110	14	42.5	180	15	355	360	285	430	349	710
200L		318	305	133	55	110	16	49	200	15	395	400	310	475	379	775
225S	4,8	356	286	149	60	140	18	53	225	19	435	450	345	530	368	820
225M	2	356	311	149	55	110	16	49	225	19	435	450	345	530	393	815
225M	4,6,8	356	311	149	60	110	16	49	225	19	435	450	345	530	393	845
250M	2	406	349	168	60 $\begin{array}{l}+0.030\\+0.011\end{array}$	140	18	53	250	19	490	495	385	575	455	930
250M	4,6,8	406	349	168	65	140	18	58	250	19	490	495	385	575	455	930
280S	2	457	368	190	65	140	18	58	280	24	550	555	410	640	530	1000
280S	4,6,8	457	368	190	75	140	20	67.5	280	24	550	555	410	640	530	1000
280M	2	457	419	190	65	140	18	58	280	24	550	555	410	640	581	1050
280M	4,6,8	457	419	190	75	140	20	67.5	280	24	550	555	410	640	581	1050

第 十 章

轴承

一、深沟球轴承

深沟球轴承见表 10-1。

表 10-1 深沟球轴承

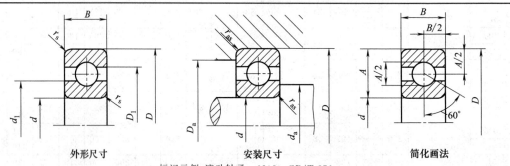

| 外形尺寸 | 安装尺寸 | 简化画法 |

标记示例:滚动轴承　6208　GB/T 276

当量动负荷 $P_c = XF_r + YF_a$						当量静负荷 F_{0r}	
$\dfrac{F_a}{C_0}$	$F_a/F_r \leqslant e$		$F_a/F_r > e$		e	$F_a/F_r \leqslant 0.8$	$F_a/F_r > 0.8$
	X	Y	X	Y			
0.025	1	0	0.56	2.0	0.22		
0.04	1	0	0.56	1.8	0.24		
0.07	1	0	0.56	1.6	0.27	$F_{0r} = F_r$	$F_{0r} = 0.6F_r + 0.5F_a$
0.13	1	0	0.56	1.4	0.31		
0.25	1	0	0.56	1.2	0.37		
0.50	1	0	0.56	1.0	0.44		

轴承代号	基本尺寸/mm			其他尺寸/mm			安装尺寸/mm			基本额定负荷		极限转速/r·min^{-1}	
	d	D	B	$d_1 \approx$	$D_1 \approx$	r_s (min)	d_a (min)	D_a (max)	r_{as} (max)	C_r /kN	C_{0r} /kN	脂润滑	油润滑
(1)0 系列													
6004	20	42	12	26.9	35.1	0.6	25	37	0.6	9.38	5.02	15000	19000
6005	25	47	12	31.8	40.2	0.6	30	42	0.6	10.0	5.85	13000	17000
6006	30	55	13	38.4	47.7	1	36	49	1	13.2	8.3	10000	14000
6007	35	62	14	43.4	53.7	1	41	56	1	16.2	10.5	9000	12000
6008	40	68	15	48.8	59.2	1	46	62	1	17.0	11.8	8500	11000
6009	45	75	16	54.2	65.9	1	51	69	1	21.0	14.8	8000	10000
6010	50	80	16	59.2	70.9	1	56	74	1	22.0	16.2	7000	9000
6011	55	90	18	66.5	79	1.1	62	83	1	30.2	21.8	6300	8000
6012	60	95	18	71.9	85.7	1.1	67	88	1	31.5	24.2	6000	7500
6013	65	100	18	75.3	89.1	1.1	72	93	1	32.0	24.8	5600	7000
6014	70	110	20	82	98	1.1	77	103	1	38.5	30.5	5300	6700
6015	75	115	20	88.6	104	1.1	82	108	1	40.2	33.2	5000	6300
6016	80	125	22	95.9	112.8	1.1	87	118	1	47.5	39.8	4800	6000
6017	85	130	22	100.1	117.6	1.1	92	123	1	50.8	42.8	4500	5600
6018	90	140	24	107.2	126.8	1.5	99	131	1.5	53	49.8	4300	5300
6019	95	145	24	110.2	129.8	1.5	104	136	1.5	57.8	50	4000	5000
6020	100	150	24	114.6	135.4	1.5	109	141	1.5	64.5	56.2	3800	4800

续表

轴承代号	基本尺寸/mm			其他尺寸/mm			安装尺寸/mm			基本额定负荷		极限转速/r·min⁻¹	
	d	D	B	$d_1\approx$	$D_1\approx$	r_s (min)	d_a (min)	D_a (max)	r_{as} (max)	C_r /kN	C_{0r} /kN	脂润滑	油润滑
(0)2 系列													
6204	20	47	14	29.3	39.7	1	26	41	1	12.8	6.65	14000	18000
6205	25	52	15	33.8	44.2	1	31	46	1	14.0	7.88	12000	16000
6206	30	62	16	40.8	52.2	1	36	56	1	19.5	11.5	9500	13000
6207	35	72	17	46.8	60.2	1.1	42	65	1	25.5	15.2	8500	11000
6208	40	80	18	52.8	67.2	1.1	47	73	1	29.5	18.0	8000	10000
6209	45	85	19	58.8	73.2	1.1	52	78	1	31.5	20.5	7000	9000
6210	50	90	20	62.4	77.6	1.1	57	83	1	35.0	23.2	6700	8500
6211	55	100	21	68.9	86.1	1.5	64	91	1.5	43.2	29.2	6000	7500
6212	60	110	22	76	94.1	1.5	69	101	1.5	47.8	32.8	5600	7000
6213	65	120	23	82.5	102.5	1.5	74	111	1.5	57.2	40.0	5000	6300
6214	70	125	24	89	109	1.5	79	116	1.5	60.8	45.0	4800	6000
6215	75	130	25	94	115	1.5	84	121	1.5	66.0	49.5	4500	5600
6216	80	140	26	100	122	2	90	130	2	71.5	54.2	4300	5300
6217	85	150	28	107.1	130.9	2	95	140	2	83.2	63.8	4000	5000
6218	90	160	30	111.7	138.4	2	100	150	2	95.8	71.5	3800	4800
6219	95	170	32	118.1	146.9	2.1	107	158	2.1	110	82.8	3600	4500
6220	100	180	34	124.8	155.3	2.1	112	168	2.1	122	92.8	3400	4300
(0)3 系列													
6304	20	52	15	29.8	42.2	1.1	27	45	1	15.8	7.88	13000	17000
6305	25	62	17	36	51	1.1	32	55	1	22.2	11.5	10000	14000
6306	30	72	19	44.8	59.2	1.1	37	65	1	27.0	15.2	9000	12000
6307	35	80	21	50.4	66.6	1.5	44	71	1.5	33.2	19.2	8000	10000
6308	40	90	23	56.5	74.6	1.5	48	81	1.5	40.8	24.0	7000	9000
6309	45	100	25	63	84	1.5	54	91	1.5	52.8	31.8	6300	8000
6310	50	110	27	69.1	91.9	2	60	100	2	61.8	38.0	6000	7500
6311	55	120	29	76.1	100.9	2	65	110	2	71.5	44.8	5800	6700
6312	60	130	31	81.7	108.4	2.1	72	118	2.1	81.8	51.8	5600	6300
6313	65	140	33	88.1	116.9	2.1	77	128	2.1	93.8	60.5	4500	5600
6314	70	150	35	94.8	125.3	2.1	82	138	2.1	105	68.0	4300	5300
6315	75	160	37	101.3	133.7	2.1	87	148	2.1	112	76.8	4000	5000
6316	80	170	39	107.9	142.2	2.1	92	158	2.1	122	86.5	3800	4800
6317	85	180	41	114.4	150.6	3	99	166	2.5	132	96.5	3600	4500
6318	90	190	43	120.8	159.2	3	104	176	2.5	145	108	3400	4300
6319	95	200	45	127.1	167.9	3	109	186	2.5	155	122	3200	4000
6320	100	215	47	135.6	179.4	3	114	201	2.5	172	140	2800	3600

二、角接触球轴承

角接触球轴承见表 10-2。

表 10-2 角接触球轴承

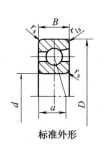

标准外形

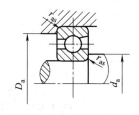

安装尺寸

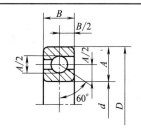

简化画法

标记示例:滚动轴承 7208C GB/T 292

续表

70000C 型（$\alpha=15°$）	70000AC 型（$\alpha=25°$）

iF_a/C_{0r}	e	Y
0.015	0.38	1.47
0.029	0.40	1.40
0.058	0.43	1.30
0.087	0.46	1.23
0.12	0.47	1.19
0.17	0.50	1.12
0.29	0.55	1.02
0.44	0.56	1.00
0.58	0.56	1.00

径向当量动负荷
当 $F_a/F_r \leqslant e$　$P_r=F_r$
当 $F_a/F_r > e$　$P_r=0.44F_r+YF_a$

径向当量静负荷
$P_{0r}=0.5F_r+0.46F_a$

径向当量动负荷
当 $F_a/F_r \leqslant 0.68$　$P_r=F_r$
当 $F_a/F_r > 0.68$　$F_r=0.41F_r+0.87F_a$

径向当量静负荷
$P_{0r}=0.5F_r+0.38F_a$

轴承代号		基本尺寸/mm					安装尺寸/mm			基本额定动负荷 C_r/kN		额定静负荷 C_{0r}/kN	
		d	D	B	a		d_a (min)	D_a (max)	r_{as} (max)	70000C	70000AC	70000C	70000AC
					7000C	7000AC							
(0)2 系列													
7204C	7204AC	20	47	14	11.5	14.9	26	41	1	14.5	14.0	8.22	7.82
7205C	7205AC	25	52	15	12.7	16.4	31	46	1	16.5	15.8	10.5	9.88
7206C	7206AC	30	62	16	14.2	18.7	36	56	1	23.0	22.0	15.0	14.2
7207C	7207AC	35	72	17	15.7	21	42	65	1	30.5	29.0	20.0	19.2
7208C	7208AC	40	80	18	17	23	47	73	1	36.8	35.2	25.8	24.5
7209C	7209AC	45	85	19	18.2	24.7	52	78	1	38.5	36.8	28.5	27.2
7210C	7210AC	50	90	20	19.4	26.3	57	83	1	42.8	40.8	32.0	30.5
7211C	7211AC	55	100	21	20.9	28.6	64	91	1.5	52.8	50.5	40.5	38.5
7212C	7212AC	60	110	22	22.4	30.8	69	101	1.5	61.0	58.2	48.5	46.2
7213C	7213AC	65	120	23	24.2	33.5	74.4	111	1.5	69.8	66.5	55.2	52.5
7214C	7214AC	70	125	24	25.3	35.1	79	116	1.5	70.2	69.2	60.0	57.5
7215C	7215AC	75	130	25	26.4	36.6	84	121	1.5	79.2	75.2	65.8	63.0
7216C	7216AC	80	140	26	27.7	38.9	90	130	2	89.5	85.0	78.2	74.5
7217C	7217AC	85	150	28	29.9	41.6	95	140	2	99.8	94.8	85.0	81.5
7218C	7218AC	90	160	30	31.7	44.2	100	150	2	122	118	105	100
7219C	7219AC	95	170	32	33.8	46.9	107	158	2.1	135	128	115	108
7220C	7220AC	100	180	34	35.8	49.7	112	168	2.1	148	142	128	122
(0)3 系列													
7302C	7302AC	15	42	13	9.6	13.5	21	36	1	9.38	9.08	5.95	5.58
7303C	7303AC	17	47	14	10.4	14.8	23	41	1	12.8	11.5	8.62	7.08
7304C	7304AC	20	52	15	11.3	16.3	27	45	1	14.2	13.8	9.68	9.10
7305C	7305AC	25	62	17	13.1	19.1	32	55	1	21.5	20.8	15.8	14.8
7306C	7306AC	30	72	19	15	22.2	37	65	1	26.2	25.2	19.8	18.5
7307C	7307AC	35	80	21	16.6	24.5	44	71	1.5	34.2	32.8	26.8	24.8
7308C	7308AC	40	90	23	18.5	27.5	49	81	1.5	40.2	38.5	32.3	30.5
7309C	7309AC	45	100	25	20.2	30.2	54	91	1.5	49.2	47.5	39.8	37.2
7310C	7310AC	50	110	27	22	33	60	100	2	53.5	55.5	47.2	44.5
7311C	7311AC	55	120	29	23.8	35.8	65	110	2	70.5	67.2	60.5	56.8
7312C	7312AC	60	130	31	25.6	38.9	72	118	2.1	80.5	77.8	70.2	65.8
7313C	7313AC	65	140	33	27.4	41.5	77	128	2.1	91.5	89.8	80.5	75.5
7314C	7314AC	70	150	35	29.2	44.3	82	138	2.1	102	98.5	91.5	86.0
7315C	7315AC	75	160	37	31	47.2	87	148	2.1	112	108	105	97.0
7316C	7316AC	80	170	39	32.8	50	92	158	2.1	122	118	118	108
7318C	7318AC	90	190	43	36.4	55.6	104	176	2.5	142	135	142	135
7320C	7320AC	100	215	47	40.2	61.9	114	201	2.5	162	165	175	178

轴承代号	基本尺寸/mm					安装尺寸/mm			基本额定动负荷 C_r/kN		额定静负荷 C_{0r}/kN	
	d	D	B	a		d_a	D_a	r_{as}	70000C	70000AC	70000C	70000AC
				7000C	7000AC	(min)	(max)	(max)				
(0)4 系列												
7406AC	30	90	23		26.1	39	81	1		42.5		32.2
7407AC	35	100	25		29	44	91	1.5		53.8		42.5
7408AC	40	110	27		34.6	50	100	2		62.0		49.5
7409AC	45	120	29		38.7	55	110	2		66.8		52.8
7410AC	50	130	31		37.4	62	118	2.1		76.5		64.2
7412AC	60	150	35		43.1	72	138	2.1		102		90.8
7414AC	70	180	42		51.5	84	166	2.5		125		125
7416AC	80	200	48		58.1	94	186	2.5		152		162
7418AC	90	215	54		64.8	108	197	3		178		205

三、圆锥滚子轴承

圆锥滚子轴承见表 10-3。

表 10-3　圆锥滚子轴承

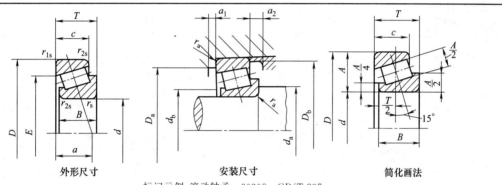

外形尺寸　　　　　安装尺寸　　　　　简化画法

标记示例：滚动轴承　30308　GB/T 297

径向当量动负荷	当 $F_a/F_r \leqslant e$ 时，$P_r = F_r$；当 $F_a/F_r > e$ 时　$P_r = 0.4F_r + YF_a$
径向当量静负荷	取下列两式计算出的大值　$P_{0r} = 0.5F_r + Y_0 F_0$，$F_{0r} = F_r$

轴承代号	基本尺寸/mm						安装尺寸/mm							基本额定负荷		计算系数		
	d	D	T	B	c	a $\approx$	d_a (min)	d_b (max)	D_a (max)	D_b (min)	a_1 (min)	a_2 (min)	r_a (max)	C_r /kN	C_{0r} /kN	e	Y	Y_0
02 系列																		
30204	20	47	15.25	14	12	11.2	26	27	41	43	2	3.5	1	28.2	30.5	0.35	1.7	1
30205	25	52	16.25	15	13	12.6	31	31	46	48	2	3.5	1	32.2	37	0.37	1.6	0.9
30206	30	62	17.25	16	14	13.8	36	37	56	58	2	3.5	1	43.2	50.5	0.37	1.6	0.9
30207	35	72	18.25	17	15	15.3	42	44	65	67	3	3.5	1.5	54.2	63.5	0.37	1.6	0.9
30208	40	80	19.75	18	16	16.9	47	49	73	75	3	4	1.5	63.0	74.0	0.37	1.6	0.9
30209	45	85	20.75	19	16	18.6	52	53	78	80	3	5	1.5	67.8	83.5	0.4	1.5	0.8
30210	50	90	21.75	20	17	20	57	58	83	86	3	5	1.5	73.2	92.0	0.42	1.4	0.8
30211	55	100	22.75	21	18	21	64	64	91	95	4	5	2	90.8	115	0.4	1.5	0.8
30212	60	110	23.75	22	19	22.4	69	69	101	103	4	5	2	102	130	0.4	1.5	0.8
30213	65	120	24.75	23	20	24	74	77	111	114	4	5	2	120	152	0.4	1.5	0.8
30214	70	125	26.25	24	21	25.9	79	81	116	119	4	5.5	2	132	175	0.42	1.4	0.8
30215	75	130	27.25	25	22	27.4	84	85	121	125	4	5.5	2	138	185	0.44	1.4	0.8
30216	80	140	28.25	26	22	28	90	90	130	133	4	6	2.1	160	212	0.42	1.4	0.8
30217	85	150	30.5	28	24	29.9	95	96	140	142	5	6.5	2.1	178	238	0.42	1.4	0.8
30218	90	160	32.5	30	26	32.4	100	102	150	151	5	6.5	2.1	200	270	0.42	1.4	0.8
30219	95	170	34.5	32	27	35.1	107	108	158	160	5	7.5	2.5	228	308	0.42	1.4	0.8
30220	100	180	37	34	29	36.5	112	114	168	169	5	8	2.5	255	350	0.42	1.4	0.8

续表

轴承代号	基本尺寸/mm						安装尺寸/mm							基本额定负荷		计算系数		
	d	D	T	B	c	a $\approx$	d_a (min)	d_b (max)	D_a (max)	D_b (min)	a_1 (min)	a_2 (min)	r_a (max)	C_r /kN	C_{0r} /kN	e	Y	Y_0
03 系列																		
30304	20	52	16.25	15	13	11	27	28	45	48	3	3.5	1.5	33.0	33.2	0.3	2	1.1
30305	25	62	18.25	17	15	13	32	34	55	58	3	3.5	1.5	46.8	48.0	0.3	2	1.1
30306	30	72	20.75	19	16	15	37	40	65	66	3	5	1.5	59.0	63.0	0.31	1.9	1
30307	35	80	22.75	21	18	17	44	45	71	74	3	5	2	75.2	82.5	0.31	1.9	1
30308	40	90	25.25	23	20	19.5	49	52	81	84	3	5.5	2	90.8	108	0.35	1.7	1
30309	45	100	27.75	25	22	21.5	54	59	91	94	3	5.5	2	108	130	0.35	1.7	1
30310	50	110	29.25	27	23	23	60	65	100	103	4	6.5	2.1	130	158	0.35	1.7	1
30311	55	120	31.5	29	25	25	65	70	110	112	4	6.5	2.1	152	188	0.35	1.7	1
30312	60	130	33.5	31	26	26.5	72	76	118	121	5	7.5	2.5	170	210	0.35	1.7	1
30313	65	140	36	33	28	29	77	83	128	131	5	8	2.5	195	242	0.35	1.7	1
30314	70	150	38	35	30	30.6	82	89	138	141	5	8	2.5	218	272	0.35	1.7	1
30315	75	160	40	37	31	32	87	95	148	150	5	9	2.5	252	318	0.35	1.7	1
30316	80	170	42.5	39	33	34	92	102	158	160	5	9.5	2.5	278	352	0.35	1.7	1
30317	85	180	44.5	41	34	36	99	107	166	168	6	10.5	3	305	388	0.35	1.7	1
30318	90	190	46.5	43	36	37.5	104	113	176	178	6	10.5	3	342	440	0.35	1.7	0.8
30319	95	200	49.5	45	38	40	109	118	186	185	6	11.5	3	370	478	0.35	1.7	1
30320	100	215	51.5	47	39	42	114	127	201	199	6	12.5	3	405	525	0.35	1.7	1
22 系列																		
32206	30	62	21.5	20	17	15.4	36	36	56	58	3	4.5	1	51.8	63.8	0.37	1.6	0.9
32207	35	72	24.25	23	19	17.6	42	42	65	68	3	5.5	1.5	70.5	89.5	0.37	1.6	0.9
32208	40	80	24.75	23	19	19	47	48	73	75	3	6	1.5	77.8	97.2	0.37	1.6	0.9
32209	45	85	24.75	23	19	20	52	53	78	81	3	6	1.5	80.8	105	0.38	1.5	0.8
32210	50	90	24.75	23	19	21	57	57	83	86	3	6	1.5	82.8	108	0.39	1.4	0.8
32211	55	100	26.75	25	21	22.5	64	62	91	96	4	6	2	108	142	0.39	1.5	0.8
32212	60	110	29.75	28	24	24.9	69	68	101	105	4	6	2	132	180	0.4	1.5	0.8
32213	65	120	32.75	31	27	27.2	74	75	111	115	4	6	2	160	222	0.4	1.5	0.8
32214	70	125	33.25	31	27	28.6	79	79	116	120	4	6.5	2	168	238	0.42	1.4	0.8
32215	75	130	93.25	31	27	30.2	84	84	121	126	4	6.5	2	170	242	0.44	1.4	0.8
32216	80	140	35.25	33	28	31.3	90	89	130	135	5	7.5	2.1	198	278	0.42	1.4	0.8
32217	85	150	38.5	36	30	34	95	95	140	143	5	8.5	2.1	215	355	0.42	1.4	0.8
32218	90	160	42.5	40	34	36.7	100	101	150	153	5	8.5	2.1	270	395	0.42	1.4	0.8
32219	95	170	45.5	43	37	39	107	106	158	163	5	8.5	2.5	302	448	0.42	1.4	0.8
32220	100	180	49	46	39	41.8	112	113	168	172	5	10	2.5	340	512	0.42	1.4	0.8
23 系列																		
32304	20	52	22.52	21	18	13.4	27	28	45	48	3	4.5	1.5	42.8	46.2	0.3	2	1.1
32305	25	62	25.25	24	20	14.0	32	32	55	58	3	5.5	1.5	61.5	68.8	0.3	2	1.1
32306	30	72	28.75	27	23	18.8	37	38	65	66	4	6	1.5	81.5	96.5	0.31	1.9	1
32307	35	80	32.75	31	25	20.5	44	43	71	74	4	8.5	2	99.0	118	0.31	1.9	1
32308	40	90	35.25	33	27	23.4	49	49	81	83	4	8.5	2	115	148	0.35	1.7	1
32309	45	100	38.25	36	30	25.6	54	56	91	93	4	8.5	2	145	188	0.35	1.7	1
32310	50	110	42.25	40	33	28	60	61	100	102	5	9.5	2	178	235	0.35	1.7	1
32311	55	120	45.5	43	35	30.6	65	66	110	111	5	10.5	2.5	202	270	0.35	1.7	1
32312	60	130	48.5	46	37	32	72	72	118	122	6	11.5	2.5	228	302	0.35	1.7	1
32313	65	140	51	48	39	34	77	79	128	131	6	12	2.5	260	350	0.35	1.7	1
32314	70	150	54	51	42	36.5	82	84	138	141	6	12	2.5	298	408	0.35	1.7	1
32315	75	160	58	55	45	39	87	91	148	150	7	13	2.5	348	482	0.35	1.7	1
32316	80	170	61.5	58	48	42	92	97	158	160	7	13.5	2.5	388	542	0.35	1.7	1
32317	85	180	63.5	60	49	43.6	99	102	166	168	8	14.5	3	422	592	0.35	1.7	1
32318	90	190	67.5	64	53	46	104	107	176	178	8	14.5	3	478	682	0.35	1.7	1
32319	95	200	71.5	67	55	49	109	114	186	187	8	16.5	3	515	738	0.35	1.7	1
32320	100	215	77.5	73	60	53	114	122	201	201	8	17.5	3	600	872	0.35	1.7	1

四、圆柱滚子轴承

圆柱滚子轴承见表 10-4。

表 10-4　圆柱滚子轴承

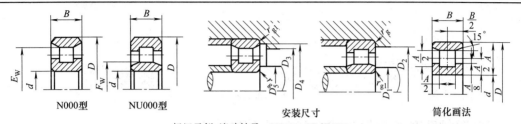

N000型　　　NU000型　　　　　　安装尺寸　　　　　　简化画法

标记示例:滚动轴承　N208　GB/T 283

轴承代号		基本尺寸/mm					安装尺寸/mm							基本额定动负荷	基本额定静负荷	极限转速/kr·min⁻¹	
		d	D	B	F_w	E_w	D_1	D_2	D_3	D_4	D_5	r_g	r_{gl}	C_r/kN	C_{0r}/kN	脂润滑	油润滑
轻(2)窄系列																	
N204	NU204	20	47	14	27	40	25	41	42	43.2	26.3	1	0.6	11.8	6.5	12	16
N205	NU205	25	52	15	32	45	30	46	47	48	30	1	0.6	13.5	7.8	10	14
N206	NU206	30	62	16	38.5	53.5	37	54	55	57	37	1	0.6	18.5	11.2	8.5	11
N207	NU207	35	72	17	43.8	61.8	42	64	64	67	42	1	0.6	27.2	17.2	7.5	9.5
N208	NU208	40	80	18	50	70	48	73	72	74	46	1	1	35.8	23.5	7.0	9.0
N209	NU209	45	85	19	55	75	53	79	77	79	53	1	1	37.8	25.2	6.3	8.0
N210	NU210	50	90	20	60.4	80.4	58	83	82	84	58	1	1	41.2	28.5	6.0	7.5
N211	NU211	55	100	21	66.5	88.5	64	91	90	93	64	1.5	1	50.2	35.5	5.3	6.7
N212	NU212	60	110	22	73	97	71	99	99	110	71	1.5	1.5	59.8	43.2	5.0	6.3
N213	NU213	65	120	23	79.5	105.5	77	110	107.6	111	77	1.5	1.5	69.8	51.5	4.5	5.6
N214	NU214	70	125	24	84.5	110.5	82	114	112	117	82	1.5	1.5	69.8	51.5	4.3	5.3
N215	NU215	75	130	25	88.5	118.3	86	122	118	122	86	1.5	1.5	84.8	64.2	4.0	5.0
N216	NU216	80	140	26	95	125	93	127	127	131	93	1.8	1.8	97.5	74.5	3.8	4.8
N217	NU217	85	150	28	101.5	135.5	99	140	135	140	95	1.8	1.8	110	85.8	3.6	4.5
N218	NU218	90	160	30	107	143	105	150	145	150	105	1.8	1.8	135	105	3.4	4.3
N219	NU219	95	170	32	113.5	151.5	111	150	153	159	106	2	2	145	112	3.2	4.0
N220	NU220	100	180	34	120	160	117	168	162	168	112	2	2	160	125	3.0	3.8
中(3)窄系列																	
N304	NU304	20	52	15	28.5	44.5	26	46	46	47.6	26.7	1	0.5	17.2	10.0	11.0	15
N305	NU305	25	62	17	35	53	33	54	55	57	32	1	1	24.2	14.5	9.0	12
N306	NU306	30	72	19	42	62	40	64	64	66	37	1	1	32.0	20.2	8.0	10
N307	NU307	35	80	21	46.2	68.2	44	73	70	73	45	1.5	1	39.0	25.2	7.0	9.0
N308	NU308	40	90	23	53.5	77.5	51	82	80	82	51	1.5	1.5	46.5	30.5	6.3	8.0
N309	NU309	45	100	25	58.5	86.5	56	92	89	92	53	1.5	1.5	63.5	42.8	5.6	7.0
N310	NU310	50	110	27	65	95	63	101	97	101	63	2	2	72.5	49.8	5.3	6.7
N311	NU311	55	120	29	70.5	104.5	68	107	106	111	68	2	2	93.2	65.2	4.8	6.0
N312	NU312	60	130	31	77	113	74	120	115	120	70	2	2	112	79.8	4.5	5.6
N313	NU313	65	140	33	83.5	121.5	81	129	123	129	76	2	2	118	85.2	4.0	5.0
N314	NU314	70	150	35	90	130	87	139	132	139	81	2	2	138	102	3.8	4.8
N315	NU315	75	160	37	95.5	139.5	92	148	142	148	87	2	2	158	118	3.6	4.5
N316	NU316	80	170	39	103	147	100	157	149	157	93	2	2	168	125	3.4	4.3
N317	NU317	85	180	41	108	156	105	166	158	166	98.5	2.5	2.5	202	152	3.2	4.0
N318	NU318	90	190	43	115	165	112	176	167	175	110	2.5	2.5	218	165	3.0	3.8
N319	NU319	95	200	45	121.5	173.5	118	185	176	186	112	2.5	2.5	232	180	2.8	3.6
N320	NU320	100	215	47	129.5	185.5	126	198	187	198	117	2.5	2.5	270	212	2.4	3.2

第十一章

联轴器

一、联轴器轴孔和键槽的形式、代号及系列尺寸

联轴器轴孔和键槽的形式、代号及系列尺寸见表 11-1。

表 11-1 联轴器轴孔和键槽的形式、代号及系列尺寸

	长圆柱形孔（Y 型）	有沉孔的短圆柱形孔（J 型）	无沉孔的短圆柱形孔（J₁ 型）	有沉孔的圆锥形孔（Z 型）	无沉孔的圆锥形孔（Z₁ 型）
轴孔					

	A 型	B 型	B₁ 型		C 型
键槽					

尺寸系列/mm

轴孔直径 d、d_2	长度			沉孔	键槽						
	Y 型	J、J₁、Z、Z₁ 型		d_1	A 型、B 型、B₁ 型					C 型	
	L	L_1	L		b	t		t_1		b	t_2	
						公称尺寸	偏差	公称尺寸	偏差		公称尺寸	偏差
20	52	38	52	38	6	22.8	+0.1 0	25.6	+0.2 0	4	10.9	
22						24.8		27.6			11.9	
24						27.3		30.6			13.4	
25	62	44	62	48	8	28.3		31.6		5	13.7	
28						31.3		34.6			15.2	
30						33.3		36.6			15.8	±0.1
32	82	60	82	55		35.3		38.6			17.3	
35					10	38.3		41.6		6	18.3	
38						41.3	+0.2 0	44.6	+0.4 0		20.3	
40				65	12	43.3		46.6		10	21.2	
42						45.3		48.6			22.2	
45	112	84	112	80	14	48.8		52.6		12	23.7	
48						51.8		55.6			25.2	
50						53.8		57.6			26.2	±0.2
55				95	16	59.3		63.6		14	29.2	
56						60.3		64.6			29.7	

注：1. 轴孔与轴伸出端的配合：当 $d=20\sim30$ 时，配合为 H7/j6；当 $d>30\sim50$ 时，配合为 H7/k6；当 $d>50$ 时，配合为 H7/m6，根据使用要求也可选用 H7/r6 或 H7/n6 的配合。

2. 圆锥形轴孔 d_2 的极限偏差为 js10（圆锥角度及圆锥形状公差不得超过直径公差范围）。

3. 键槽宽度 b 的极限偏差为 P9（或 JS9、D10）。

二、凸缘联轴器

凸缘联轴器见表 11-2。

表 11-2　凸缘联轴器

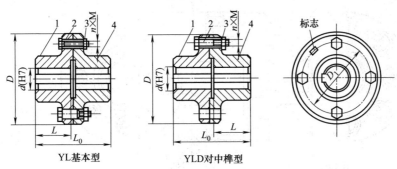

YL基本型　　　　　　YLD对中榫型

1,4—半联轴器帽；2—螺栓；3—尼龙锁紧螺母(GB/T 889—1986)

型号	公称转矩 T_n/N·m	许用转速 n_p/r·min⁻¹ 铁	许用转速 钢	轴孔直径 d(H7)/mm 铁	轴孔直径 钢	轴孔长度 L/mm Y型	轴孔长度 J,J_1型	D/mm	螺栓 数量 n	螺栓 直径 M	L_0/mm Y型	L_0/mm J,J_1型	转动惯量 J/kg·m²	质量/kg
YL3 YLD3	25	6400	10000	14	14	32	27	90	3 (3)		68	58	0.0060	1.99
				16、18、19	16、18、19	42	30				88	64		
				20、22	20、22、24	52	38				108	80		
				—	25	62	44				128	92		
YL4 YLD4	40	5700	9500	18	18	42	30	100		M8	88	64	0.0093	2.47
				20、22、24	20、22、24	52	38				108	80		
				25	25、28	62	44				128	92		
YL5 YLD5	63	5500	9000	22、24	22、24	52	38	105	4 (4)		108	80	0.013	3.19
				25、28	25、28	62	44				128	92		
				30	30、32	82	60				168	124		
YL6 YLD6	100	5200	8000	24	24	52	38	110	4 (4)		108	80	0.017	3.99
				25、28	25、28	62	44				128	92		
				30、32	30、32、35	82	60				168	124		
YL7 YLD7	160	4800	7600	28	28	62	44	120	4 (3)		128	92	0.029	5.66
				30、32、35、38	30、32、35、38	82	60				168	124		
				—	40	112	82				228	172		
YL8 YLD8	250	4300	7000	32、35、38	32、35、38	82	60	130		M10	169	125	0.043	7.29
				40、42	40、42、45	112	84				229	173		
YL9 YLD9	400	4100	6800	38	38	82	60	140	6 (3)		169	125	0.064	9.53
				40、42、45	40、42、45	112	84				229	173		
				48	48、50	112	84				229	173		
YL10 YLD10	630	3600	6000	45、48、50	45、48、50	112	84	160	6 (4)	M12	229	173	0.112	12.46
				55	55、56	112	84				229	173		
				—	60	142	107				289	219		

注：1. 括号内的轴孔直径仅适用于钢制联轴器。

2. 括号内的螺栓数量为铰制孔用螺栓数量。

3. 标记示例：YL3 联轴器 $\dfrac{J30\times60}{J_1B28\times44}$ GB 5843—1986。

主动端：J端轴孔，A型键槽，$d=30$mm，$L=60$mm；从动端：J_1型轴孔，B型键槽，$d=28$mm，$L=44$mm。

三、弹性套柱销联轴器

弹性套柱销联轴器见表11-3。

表 11-3　弹性套柱销联轴器

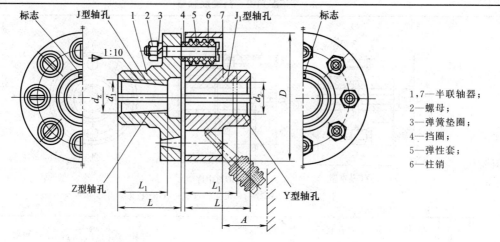

1,7—半联轴器；
2—螺母；
3—弹簧垫圈；
4—挡圈；
5—弹性套；
6—柱销

标记示例：TL3 联轴器 $\dfrac{ZC16\times30}{JB18\times42}$ GB 4323—84

主动端：Z 型轴孔，C 型键槽，$d_z=16$mm，$L=30$mm

从动端：J 型轴孔，B 型键槽，$d_2=18$mm，$L=42$mm

型号	公称扭矩 /N·m	许用转速 /(r/min) 铁	许用转速 /(r/min) 钢	轴孔直径* d_1,d_2,d_z /mm	轴孔长度/mm Y型 L	轴孔长度/mm J、J₁、Z型 L₁	轴孔长度/mm J、J₁、Z型 L	D /mm	A /mm	质量 /kg	转动惯量 /kg·m²	许用补偿量 径向 ΔY/mm	许用补偿量 角向 Δα
TL1	6.3	6600	8800	9	20	14	—	71	18	1.16	0.0004	0.2	1°30′
				10,11	25	17							
				12,(14)	32	20							
TL2	16	5500	7600	12,14			42	80		1.64	0.001		
				16,(18),(19)	42	30							
TL3	31.5	4700	6300	16,18,19				95		1.9	0.002		
				20,(22)	52	38	52		35				
TL4	63	4200	5700	20,22,24				106		2.3	0.004		
				(25),(28)	62	44	62						
TL5	125	3600	4600	25,28				130		8.36	0.011		
				30,32,(35)	82	60	82					0.3	
TL6	250	3300	3800	32,35,38				160	45	10.36	0.026		
				40,(42)	112	84	112						
TL7	500	2800	3600	40,42,45,(48)				190		15.6	0.06		
TL8	710	2400	3000	45,48,50,55,(56)	142	107	142	224		25.4	0.13		1°
				(60),(63)	112	84	112		65				
TL9	1000	2100	2850	50,55,56				250		30.9	0.20	0.4	
				60,63,(65),(70),(71)	142	107	142						
TL10	2000	1700	2300	63,65,70,71,75				315	80	65.9	0.64		
				80,85,(90),(95)	172	132	172						
TL11	4000	1350	1800	80,85,90,95				400	100	122.6	2.06		
				100,110	212	167	212					0.5	
TL12	8000	1100	1450	100,110,120,125				475	130	218.4	5.00		0°30′
				(130)	252	202	252						
TL13	16000	800	1150	120,125	212	167	212	600	180	425.8	16.00	0.6	
				130,140,150	252	202	252						
				160,(170)	302	242	302						

注：1. "﹡"栏内带括号的值仅适用于钢制联轴器。

2. 短时过载不得超过公称扭矩值的2倍。

3. 轴孔型式及长度L、L_1可根据需要选取。

四、弹性柱销联轴器

弹性柱销联轴器见表 11-4。

表 11-4　弹性柱销联轴器

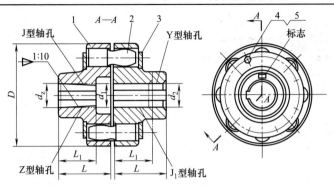

1—半联轴器；
2—柱销；
3—挡板；
4—螺栓；
5—垫圈

标记示例：HL7 联轴器 $\dfrac{ZC75\times107}{JB70\times107}$ GB 5014—85

主动端：Z 型轴孔，C 型键槽，$d_z=75\mathrm{mm}$，$L_1=107\mathrm{mm}$

从动端：J 型轴孔，B 型键槽，$d_z=70\mathrm{mm}$，$L_1=107\mathrm{mm}$

型号	公称转矩 /N·m	许用转速 /(r/min) 铁	许用转速 /(r/min) 钢	轴孔直径* d_1,d_2,d_z /mm	轴孔长度/mm Y型 L	轴孔长度/mm J、J_1、Z型 L_1	轴孔长度/mm J、J_1、Z型 L	D /mm	质量 /kg	转动惯量 /kg·m²	许用补偿量 径向 ΔY /mm	许用补偿量 轴向 ΔX /mm	许用补偿量 角向 $\Delta\alpha$
HL1	160	7100	7100	12,14	32	27	32	90	2	0.0064		±0.5	
				16,18,19	42	30	42						
				20,22,(24)	52	38	52						
HL2	315	5600	5600	20,22,24				120	5	0.253		±1	
				25,28	62	44	62						
				30,32,(35)	82	60	82	0.15					
HL3	630	5000	5000	30,32,35,38				160	8	0.6			
				40,42,(45),(48)	112	84	112						
HL4	1250	2800	4000	40,42,45,48,50,55,56				195	22	3.4			
				(60),(63)								±1.5	
HL5	2000	2500	3550	50,55,56,60,63,65,70,(71),(75)	142	107	142	220	30	5.4			≤0°30'
HL6	3150	2100	2800	60,63,65,70,71,75,80				280	53	15.6			
				(85)	172	132	172						
HL7	6300	1700	2240	70,71,75	142	107	142	320	98	41.1			
				80,85,90,95	172	132	172					±2	
				100,(110)				0.20					
HL8	10000	1600	2120	80,85,90,95,100,110,(120),(125)	212	167	212	360	119	56.5			
HL9	16000	1250	1800	100,110,120,125	252	202	252	410	197	133.3			
				130,(140)									
HL10	25000	1120	1560	110,120,125	212	167	212	480	322	273.2	0.25	±2.5	
				130,140,150	252	202	252						
				160,(170),(180)	302	242	302						

注：1. 该联轴器最大型号为 HL14，详见 GB 5014—85。
　　2. 带制动轮的弹性柱销联轴器 HLL 型可参阅 GB 5014—85。
　　3. "＊"栏内带括号的值仅适用于钢制联轴器。
　　4. 轴孔形式及长度 L、L_1 可根据需要选取。

五、十字滑块联轴器

十字滑块联轴器见表 11-5。

表 11-5 十字滑块联轴器   mm

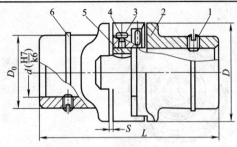

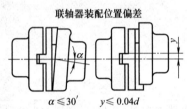

联轴器装配位置偏差

$\alpha \leqslant 30'$ $y \leqslant 0.04d$

序号	名 称	数量	材料
1	平端紧定螺钉 GB 73—1985	2	35
2	半联轴器	2	ZG 310—570
3	圆盘	1	45
4	压配式注油杯 GB 1155—1989	2	
5	套筒	1	Q255
6	锁圈	2	弹簧钢丝

d	许用转矩/N·m	许用转速/r·min^{-1}	D_0	D	L	S
15,17,18	120	250	32	70	95	$0.5^{+0.3}_{0}$
20,25,30	250	250	45	90	115	$0.5^{+0.3}_{0}$
36,40	500	250	60	110	160	$0.5^{+0.3}_{0}$
45,50	800	250	80	130	200	$0.5^{+0.3}_{0}$
55,60	1250	250	95	150	240	$0.5^{+0.3}_{0}$
65,70	2000	250	105	170	275	$0.5^{+0.3}_{0}$
75,80	3200	250	115	190	310	$0.5^{+0.3}_{0}$
85,90	5000	250	130	210	355	$1.0^{+0.5}_{0}$
95,100	8000	250	140	240	395	$1.0^{+0.5}_{0}$

第 十二 章

齿轮的精度

齿轮精度的标准及相关的指导性技术文件给出了很多偏差项目，但实际使用时的检验项目并不是很多，可以根据供需双方的要求协商确定，或选取一个检验组来定义齿轮的精度。在课程设计中，只要求对齿轮精度有一个初步的了解。可以在参考相关资料的基础上，根据具体设计的齿轮的用途、使用要求和工作条件确定精度等级，参照第五章齿轮零件工作图例中标注的项目确定检验项目，根据所选定的精度和检验项目确定对应的偏差。进一步学习请参考齿轮精度专业资料。

一、渐开线圆柱齿轮的精度

国家标准对渐开线圆柱齿轮精度及齿轮副规定了 13 个精度等级，0 级精度最高，12 级精度最低，常用 7～9 级。齿轮零件工作图精度标注示例：

表 12-1　齿轮精度等级及选择

精度等级	齿轮用途	齿轮圆周速度 /m·s⁻¹ 直齿轮	齿轮圆周速度 /m·s⁻¹ 斜齿轮	工作条件
0 级,1 级,2 级 （展望级）				
3 级（极精密级）		到 40	到 75	要求特别精密的或在最平稳且无噪声的特别高速下工作的齿轮传动；特别精密机械中的齿轮；特别高速传动（透平齿轮；检测 5～6 级齿轮用的测量齿轮
4 级（特别精密级）		到 35	到 70	特别精密分度机构中或在最平稳且无噪声的极高速下工作的齿轮传动；特别精密分度机构中的齿轮；高速透平传动；检测 7 级齿轮用的测量齿轮
5 级（高精密级）		到 20	到 40	精密分度机构中或要求极平稳且无噪声的高速工作的齿轮传动；精密机构用齿轮；透平齿轮；检测 8 级和 9 级齿轮用测量齿轮
6 级（高精密级）		到 16	到 30	要求最高效率且无噪声的高速下平稳工作的齿轮传动或分度机构的齿轮传动；特别重要的航空、汽车齿轮；读数装置用特别精密传动的齿轮
7 级（精密级）		到 10	到 15	增速和减速用齿轮传动；金属切削机床送刀机构用齿轮；高速减速器用齿轮；航空、汽车用齿轮；读数装置用齿轮
8 级（中等精密级）		到 6	到 10	无须特别精密的一般机械制造用齿轮；包括在分度链中的机床传动齿轮；飞机、汽车制造业中的不重要齿轮；起重机构用齿轮；农业机械中的重要齿轮，通用减速器齿轮
9 级（较低精密级）		到 2	到 4	用于粗糙工作的齿轮
10 级（低精度级）				
11 级（低精度级）		小于 2	小于 4	
12 级（低精度级）				

7GB/T 10095.1 表示各项偏差符合 GB/T 10095.1 的要求，精度都是 7 级。

表 12-1 为齿轮精度等级及选择；表 12-2 为推荐的齿轮检验组；表 12-3 为单个齿距极限偏差 $\pm f_{pt}$、齿距累积总公差 F_p、齿廓总公差 F_α 和齿廓形状偏差 $f_{f\alpha}$；表 12-4 为单个齿距极限偏差 $\pm f_{H\alpha}$、径向跳动公差 F_r f_i'/K 和公法线变动公差 F_w；表 12-5 为螺旋线公差；表 12-6 为径向综合公差；表 12-7 为公法线长度 W'（$m=1mm$，$\alpha=20°$）；表 12-8 为齿轮副的中心距极限偏差和接触斑点。

表 12-2　推荐的齿轮检验组

检验组	检验项目	适用等级	测量仪器
1	F_p，F_α，F_β，F_t，E_{sn} 或 E_{bn}	3～9	齿距仪、齿形仪、齿向仪、摆差测定仪、齿厚卡尺或公法线千分尺
2	F_p 与 F_{pk}，F_α，F_β，F_r，E_{sn} 或 E_{bn}	3～9	齿距仪、齿形仪、齿向仪、摆差测定仪、齿厚卡尺或公法线千分尺
3	F_p，f_{pt}，F_α，F_β，F_r，E_{sn} 或 E_{bn}	3～9	齿距仪、齿形仪、齿向仪、摆差测定仪、齿厚卡尺或公法线千分尺
4	F_i''，f_i''，E_{sn} 或 E_{bn}	6～9	双面啮合测量仪、齿厚卡尺或公法线千分尺
5	f_{pt}，F_r，E_{sn} 或 E_{bn}	10～12	齿距仪、摆差测定仪、齿厚卡尺或公法线千分尺
6	F_i''，f_i''，F_β，E_{sn} 或 E_{bn}	3～6	单啮仪、齿向仪、齿厚卡尺或公法线千分尺

表 12-3　单个齿距极限偏差 $\pm f_{pt}$、齿距累积总公差 F_p、齿廓总公差 F_α 和齿廓形状偏差 $f_{f\alpha}$　　μm

分度圆直径 d/mm		精度等级 偏差项目 模数 m_n/mm		单个齿距极限偏差 $\pm f_{pt}$				齿距累积总公差 F_p				齿廓总公差 F_α				齿廓形状偏差 $f_{f\alpha}$			
大于	至	大于	至	5	6	7	8	5	6	7	8	5	6	7	8	5	6	7	8
5	20	0.5	2	4.7	6.5	9.5	13	11	16	23	32	4.6	6.5	9.0	13	3.5	5.0	7.0	10
		2	3.5	5.0	7.5	10	15	12	17	23	33	6.5	9.5	13	19	5.0	7.0	10	14
20	50	0.5	2	5.0	7.0	10	14	14	20	29	41	5.0	7.5	10	15	4.0	5.5	8.0	11
		2	3.5	5.5	7.5	11	15	15	21	30	42	7.0	10	14	20	5.0	8.0	11	16
		3.5	6	6.0	8.5	12	17	15	22	31	44	9.0	12	18	25	7.0	9.5	14	19
50	125	0.5	2	5.5	7.5	11	15	18	26	37	52	6.0	8.5	12	17	4.5	6.5	9.0	13
		2	3.5	6.0	8.5	12	17	19	27	38	53	8.0	11	16	22	6.0	8.5	12	17
		3.5	6	6.5	9.0	13	18	19	28	39	55	9.5	13	19	27	7.5	10	15	21
125	280	0.5	2	6.0	8.5	12	17	24	35	49	69	7.0	10	14	20	5.5	7.5	11	15
		2	3.5	6.5	9.0	13	18	25	35	50	70	9.0	13	18	25	7.0	9.5	14	19
		3.5	6	7.0	10	14	20	25	36	51	72	11	15	21	30	8.0	11	16	23
280	560	0.5	2	6.5	9.5	13	19	32	46	64	91	8.5	12	17	23	6.5	9.0	13	18
		2	3.5	7.0	10	14	20	33	46	65	92	10	15	21	29	8.0	11	16	22
		3.5	6	8.0	11	16	22	33	47	66	94	12	17	24	34	9.0	13	18	26

表 12-4　单个齿距极限偏差 $\pm f_{H\alpha}$、径向跳动公差 F_r、f_i'/K 和公法线变动公差 F_w　　μm

分度圆直径 d/mm		精度等级 偏差项目 模数 m_n/mm		单个齿距极限偏差 $\pm f_{H\alpha}$				径向跳动公差 F_r				f_i'/K 值				公法线长度变动公差 F_w		
大于	至	大于	至	5	6	7	8	5	6	7	8	5	6	7	8	5	6	7
5	20	0.5	2	2.9	4.2	6.0	8.5	9.0	13	18	25	14	19	27	38	10	14	20
		2	3.5	4.2	6.0	8.5	12	9.5	13	19	27	16	23	32	45			
20	50	0.5	2	3.3	4.6	6.5	9.5	11	16	23	32	14	20	29	41	12	16	23
		2	3.5	4.5	6.5	9.0	13	12	17	24	34	17	24	34	48			
		3.5	6	5.5	8.0	11	16	12	17	25	35	19	27	38	54			

续表

分度圆直径 d/mm		精度等级　模数 m_n/mm		单个齿距极限偏差 $\pm f_{H\alpha}$				径向跳动公差 F_r				f_i'/K 值				公法线长度变动公差 F_w		
大于	至	大于	至	5	6	7	8	5	6	7	8	5	6	7	8	5	6	7
50	125	0.5	2	3.7	5.5	7.5	11	15	21	29	42	16	22	31	44	14	19	27
		2	3.5	5.0	7.0	10	14	15	21	30	43	18	25	36	51			
		3.5	6	6.0	8.5	12	17	16	22	31	44	20	29	40	57			
125	280	0.5	2	4.4	6.0	9.0	12	20	28	39	55	17	24	34	49	16	22	31
		2	3.5	5.5	8.0	11	16	20	28	40	56	20	28	39	56			
		3.5	6	6.5	9.5	13	19	20	29	41	58	22	31	44	62			
280	560	0.5	2	5.5	7.5	11	15	26	36	51	73	19	27	39	54	19	26	37
		2	3.5	6.5	9.0	13	18	26	37	52	74	21	31	44	62			
		3.5	6	7.5	11	15	21	27	38	53	75	24	34	48	68			

注：1. 表中 F_w 是根据我国的生产实践提出的，供参考。

2. 将 f_i'/K 乘以 K，即得到 f_i'；当 $\varepsilon_r < 4$ 时，$K = 0.2\dfrac{\varepsilon_r + 4}{\varepsilon_r}$；当 $\varepsilon_r \geqslant 4$ 时，$K = 0.4$。

3. $F_i' = F_p + f_i'$。

4. $\pm F_{pk} = f_{pt} + 1.6\sqrt{(k-1)m_n}$（5级精度），通常取 $k = z/8$；按相邻两级的公比 $\sqrt{2}$，可求得其他级 $\pm F_{pk}$ 值。

表 12-5　螺旋线公差　　　　　　　mm

分度圆直径 d		精度等级　齿宽 b		螺旋线总公差 F_β				螺旋线形状公差 $f_{f\beta}$ 和螺旋线倾斜极限偏差 $\pm f_{H\beta}$			
大于	至	大于	至	5	6	7	8	5	6	7	8
5	20	4	10	6.0	8.5	12	17	4.4	6.0	8.5	12
		10	20	7.0	9.5	14	19	4.9	7.0	10	14
20	50	4	10	6.5	9.0	13	18	4.5	6.5	9.0	13
		10	20	7.0	10	14	20	5.0	7.0	10	14
		20	40	8.0	11	16	23	6.0	8.0	12	16
50	125	4	10	6.5	9.5	13	19	4.8	6.5	9.5	13
		10	20	7.5	11	15	21	5.5	7.5	11	15
		20	40	8.5	12	17	24	6.0	8.5	12	17
		40	80	10	14	20	28	7.0	10	14	20
125	280	4	10	7.0	10	14	20	5.0	7.0	10	14
		10	20	8.0	11	16	22	5.5	8.0	11	16
		20	40	9.0	13	18	25	6.5	9.0	13	18
		40	80	10	15	21	29	7.5	10	15	21
		80	160	12	17	25	35	8.5	12	17	25
280	560	10	20	8.5	12	17	24	6.0	8.5	12	17
		20	40	9.5	13	19	27	7.0	9.5	14	19
		40	80	11	15	22	31	8.0	11	16	22
		80	160	13	18	26	36	9.0	13	18	26
		160	250	15	21	30	43	11	15	22	30

表 12-6　径向综合公差　　　　　　　mm

分度圆直径 d		精度等级　模数 m_n		径向综合总公差 F_i''				一齿径向综合公差 f_i''			
大于	至	大于	至	5	6	7	8	5	6	7	8
5	20	0.2	0.5	11	15	21	30	2.0	2.5	3.5	5.0
		0.5	0.8	12	16	23	33	2.5	4.0	5.5	7.5
		0.8	1.0	12	18	25	35	3.5	5.0	7.0	10
		1.0	1.5	14	19	27	38	4.5	6.5	9.0	13

续表

分度圆直径 d		模数 m_n \ 精度等级 \ 公差项目		径向综合总公差 F_i''				一齿径向综合公差 f_i''			
大于	至	大于	至	5	6	7	8	5	6	7	8
20	50	0.2	0.5	13	19	26	37	2.0	2.5	3.5	5.0
		0.5	0.8	14	20	28	40	2.5	4.0	5.5	7.5
		0.8	1.0	15	21	30	42	3.5	5.0	7.0	10
		1.0	1.5	16	23	32	45	4.5	6.5	9.0	13
		1.5	2.5	18	26	37	52	6.5	9.5	13	19
50	125	1.0	1.5	19	27	39	55	4.5	6.5	9.0	13
		1.5	2.5	22	31	43	61	6.5	9.5	13	19
		2.5	4.0	25	36	51	72	10	14	20	29
		4.0	6.0	31	44	62	88	15	22	31	44
		6.0	10	40	57	80	114	24	34	48	67
125	280	1.0	1.5	24	34	48	68	4.5	6.5	9.0	13
		1.5	2.5	26	37	53	75	6.5	9.5	13	19
		2.5	4.0	30	43	61	86	10	15	21	29
		4.0	6.0	36	51	72	102	15	22	31	44
		6.0	10	45	64	90	127	24	34	48	67
280	560	1.0	1.5	30	43	61	86	4.5	6.5	9.0	13
		1.5	2.5	33	46	65	92	6.5	9.5	13	19
		2.5	4.0	37	52	73	104	10	15	21	29
		4.0	6.0	42	60	84	119	15	22	31	44
		6.0	10	51	73	103	145	24	34	48	68

表 12-7 公法线长度 W'（$m=1$mm，$\alpha=20°$） mm

齿轮齿数 z	跨测齿数 K	公法线长度 W'	齿轮齿数 z	跨测齿数 K	公法线长度 W'	齿轮齿数 z	跨测齿数 K	公法线长度 W'	齿轮齿数 z	跨测齿数 K	公法线长度 W'	齿轮齿数 z	跨测齿数 K	公法线长度 W'
10	2	4.5683	30	4	10.7526	50	6	16.9370	70	8	23.1213	90	11	32.2579
11	2	4.5823	31	4	10.7666	51	6	16.9510	71	8	23.1353	91	11	32.2718
12	2	4.5963	32	4	10.7806	52	6	16.9660	72	9	26.1015	92	11	32.2858
13	2	4.6103	33	4	10.7946	53	6	16.9790	73	9	26.1155	93	11	32.2998
14	2	4.6243	34	4	10.8086	54	7	19.9452	74	9	26.1295	94	11	32.3138
15	2	4.6383	35	4	10.8226	55	7	19.9591	75	9	26.1435	95	11	32.3279
16	2	4.6523	36	5	13.7888	56	7	19.9731	76	9	26.1575	96	11	32.3419
17	2	4.6663	37	5	13.8028	57	7	19.9871	77	9	26.1715	97	11	32.3559
18	3	7.6324	38	5	13.8168	58	7	20.0011	78	9	26.1855	98	11	32.3699
19	3	7.6464	39	5	13.8308	59	7	20.0152	79	9	26.1995	99	12	35.3361
20	3	7.6604	40	5	13.8448	60	7	20.0292	80	9	26. 2135	100	12	35.3500
21	3	7.6744	41	5	13.8588	61	7	20.0432	81	10	29.1797	101	12	35.3640
22	3	7.6884	42	5	13.8728	62	7	20.0572	82	10	29.1937	102	12	35.3780
23	3	7.7024	43	5	13.8868	63	8	23.0233	83	10	29.2077	103	12	35.3920
24	3	7.7165	44	5	13.9008	64	8	23.0372	84	10	29.2217	104	12	35.4060
25	3	7.7305	45	6	16.8670	65	8	23.0513	85	10	29.2357	105	12	35.4200
26	3	7.7445	46	6	16.8810	66	8	23.0653	86	10	29.2497	106	12	35.4340
27	4	10.7106	47	6	16.8950	67	8	23.0793	87	10	29.2637	107	12	35.4481
28	4	10.7246	48	6	16.9090	68	8	23.0933	88	10	29.2777	108	13	38.4142
29	4	10.7386	49	6	16.9230	69	8	23.1073	89	10	29.2917	109	13	38.4282

续表

齿轮齿数 z	跨测齿数 K	公法线长度 W'	齿轮齿数 z	跨测齿数 K	公法线长度 W'	齿轮齿数 z	跨测齿数 K	公法线长度 W'	齿轮齿数 z	跨测齿数 K	公法线长度 W'	齿轮齿数 z	跨测齿数 K	公法线长度 W'	齿轮齿数 z	跨测齿数 K	公法线长度 W'
110	13	38.4422	128	15	44.5986	146	17	50.7549	164	19	56.9113	182	21	63.0676			
111	13	38.4562	129	15	44.6126	147	17	50.7689	165	19	56.9253	183	21	63.0816			
112	13	38.4702	130	15	44.6266	148	17	50.7829	166	19	56.9393	184	21	63.0956			
113	13	38.4842	131	15	44.6406	149	17	50.7969	167	19	56.9533	185	21	63.1096			
114	13	38.4982	132	15	44.6546	150	17	50.8109	168	19	56.9673	186	21	63.1236			
115	13	38.5122	133	15	44.6686	151	17	50.8249	169	19	56.9813	187	21	63.1376			
116	13	38.5262	134	15	44.6826	152	17	50.8389	170	19	56.9953	188	21	63.1516			
117	14	41.4924	135	16	47.6490	153	18	53.8051	171	20	59.9615	189	22	66.1179			
118	14	41.5064	136	16	47.6627	154	18	53.8191	172	20	59.9754	190	22	66.1318			
119	14	41.5204	137	16	47.6767	155	18	53.8331	173	20	59.9894	191	22	66.1458			
120	14	41.5344	138	16	47.6907	156	18	53.8471	174	20	60.0034	192	22	66.1598			
121	14	41.5484	139	16	47.7047	157	18	53.8611	175	20	60.0174	193	22	66.1738			
122	14	41.5624	140	16	47.7187	158	18	53.8751	176	20	60.0314	194	22	66.1878			
123	14	41.5764	141	16	47.7327	159	18	53.8891	177	20	60.0455	195	22	66.2018			
124	14	41.5904	142	16	47.7468	160	18	53.9031	178	20	60.0595	196	22	66.2158			
125	14	41.6044	143	16	47.7608	161	18	53.9171	179	20	60.0735	197	22	66.2298			
126	15	44.5706	144	17	50.7270	162	19	56.8833	180	21	63.0397	198	23	69.1961			
127	15	44.5846	145	17	50.7409	163	19	56.8972	181	21	63.0536	199	23	69.2101			

注：1. 标准直齿圆柱齿轮，公法线长 $W = W'm$。

2. 变位直齿圆柱齿轮，$|x| < 0.3$ 时，跨齿数不变，$W = (W' + 0.684x)m$。$|x| > 0.3$ 时，跨齿数

$$K' = z\frac{\alpha_x}{180°} + 0.5，其中　　　　　　　　　　\alpha_x = \arccos\frac{2d\cos\alpha}{d_a + d_f}$$

公法线长度

$$W = [2.9521(K' - 0.5) + 0.014z + 0.684x]m$$

表 12-8　齿轮副的中心距极限偏差和接触斑点

中心距极限偏差 $\pm f_a / \mu m$								接触斑点/%		
Ⅱ组精度等级	齿轮副的中心距/mm							Ⅲ组精度等级	按高度不小于	按长度不小于
	>30~50	>50~80	>80~120	>120~180	>180~250	>250~315	>315~400			
7~8	19.5	23	27	31.5	36	40.5	44.5	7	45(35)	60
								8	40(30)	50
9~10	31	37	43.5	50	57.5	65	70	9	30	40

注：1. 采用设计齿形和设计齿线时，接触斑点的分布位置及大小可自行规定。

2. 表中括号内数值用于轴向重合度 $\varepsilon_\beta > 0.8$ 的斜齿轮。

二、直齿圆锥齿轮的精度

国家标准对渐开线锥齿轮精度及齿轮副规定了 12 个精度等级，1 级精度最高，12 级精度最低。表 12-9 为锥齿轮各项公差的分组；表 12-10 为锥齿轮Ⅱ组精度等级的选择；表 12-11 为最小法向侧隙值；表 12-12 为齿厚上偏差值；表 12-13 为齿厚公差值；表 12-14 为锥齿轮常用公差和接触斑点值。

表 12-9　锥齿轮各项公差的分组

公差组	公差与极限偏差项目	误差特性	对传动性能的主要影响
Ⅰ	F_i'，$F_{i\Sigma}''$，F_p，F_{pk}，F_r	以齿轮一转为周期的误差	传递运动的准确性
Ⅱ	f_i'，$f_{i\Sigma}''$，f_{zk}'，f_c	在齿轮一周内，多次周期性重复出现的误差	传动的平稳性
Ⅲ	接触斑点	齿向线的误差	载荷分布的均匀性

注：F_i'——切向综合公差；$F_{i\Sigma}''$——轴交角综合公差；F_p——齿距累积公差；F_{pk}——k 个齿距累积公差；F_r——齿圈径向跳动公差；f_i'——切向相邻齿综合公差；$f_{i\Sigma}''$——齿轴交角综合公差；f_{zk}'——周期误差的公差；f_c——齿形相对误差的公差。

表 12-10　锥齿轮 Ⅱ 组精度等级的选择

Ⅱ组精度等级	直　齿	
	≤350HBS	>350HBS
	圆周速度/m·s⁻¹　　≤	
7	7	6
8	4	3
9	3	2.5

注：圆周速度按照锥齿轮平均直径计算。

表 12-11　最小法向侧隙值　　　　μm

中点锥距 R/mm		≤50			>50~100			>100~200			>200~400		
小轮分锥角 δ_1/(°)		≤15	>15~25	>25	≤15	>15~25	>25	≤15	>15~25	>25	≤15	>15~25	>25
	h	0	0	0	0	0	0	0	0	0	0	0	0
	e	15	21	25	21	25	30	25	35	40	30	46	52
最小法向	d	22	33	39	33	39	46	39	54	63	46	72	81
侧隙种类	c	36	52	62	52	62	74	62	87	100	74	115	130
	b	58	84	100	84	100	120	100	140	160	120	185	210
	a	90	130	160	130	160	190	160	220	250	190	290	320

注：正交齿轮副按中点锥距 R 查表。非正交齿轮副按 R' 查表，$R'=\dfrac{R}{2}(\sin 2\delta_1+\sin 2\delta_2)$，式中 δ_1、δ_2 为大、小轮的分锥角。

表 12-12　齿厚上偏差值　　　　μm

基本值	中点分度圆直径/mm		≤125		>125~400			系数	Ⅱ组精度等级	最小法向侧隙种类					
	分锥角 δ/(°)		≤45	>45	≤20	>20~45	>45			h	e	d	c	b	a
	中点法向模数/mm	≤1~3.5	−20	−22	−28	−32	−30		7	1.0	1.6	2.0	2.7	3.8	5.5
		>3.5~6.3	−22	−25		−32	−30		8	—	—	2.2	3.0	4.2	6.0
		>6.3~10	−25	−28		−36	−34		9	—	—	—	3.2	4.6	6.6

注：齿厚上偏差值等于基本值乘系数。例如精度等级为 8 级，最小法向侧隙种类为 c，分度圆锥角为 60°，中点法向模数为 4.9mm，中点分度圆直径为 100mm 的锥齿轮上偏差为 −0.075。

表 12-13　齿厚公差值　　　　μm

齿圈跳动公差		法向侧隙公差种类					齿圈跳动公差		法向侧隙公差种类				
大于	到	H	D	C	B	A	大于	到	H	D	C	B	A
32	40	42	55	70	85	110	60	80	70	90	110	130	180
40	50	50	65	80	100	130	80	100	90	110	140	170	220
50	60	60	75	95	120	150	100	125	110	130	170	200	260

注：用于标准直齿锥齿轮。

表 12-14　锥齿轮常用公差和接触斑点值　　　　μm

公差组别	精度等级 检验项目	中点分度圆直径/mm 中点法向模数/mm	7		8		9	
			≤125	>125~400	≤125	>125~400	≤125	>125~400
I	齿圈跳动公差 F_r	≥1~3.5	36	50	45	63	56	80
		>3.5~6.3	40	56	50	71	63	90
		>6.3~10	45	63	56	80	71	100
	齿轮副轴交角综合公差 $F''_{i\Sigma c}$	≥1~3.5	67	100	85	125	110	160
		>3.5~6.3	75	105	95	130	120	170
		>6.3~10	85	120	105	150	130	180
	齿轮副侧隙变动公差[①] F_{vj}	≥1~3.5					75	110
		>3.5~6.3					80	120
		>6.3~10					90	130

公差组别	检验项目	精度等级	7		8		9	
		中点分度圆直径/mm 中点法向模数/mm	≤125	>125～400	≤125	>125～400	≤125	>125～400
II	齿距极限偏差 $\pm f_{pt}$	≥1～3.5	14	16	20	22	28	32
		>3.5～6.3	18	20	25	28	36	40
		>6.3～10	20	22	28	32	40	45
	齿形相对误差的公差 f_c	≥1～3.5	8	9	10	13		
		>3.5～6.3	9	11	13	15		
		>6.3～10	11	13	17	19		
	齿轮副一齿轴交角综合公差 $f''_{i\Sigma c}$	≥1～3.5	28	32	40	45	53	60
		>3.5～6.3	36	40	50	56	60	67
		>6.3～10	40	45	56	63	71	80
III	接触斑点[2] /%	沿齿长方向	50～70			35～65		
		沿齿高方向	55～75			40～70		

① 取大、小轮中点分度圆直径之和的一半作为查表直径。当两齿轮的齿数比为不大于3的整数且采用选配时,应将表中 F_{vj} 值压缩25%或更多。

② 接触斑点的形状、位置和大小,由设计者根据齿轮的用途、载荷和轮齿刚性及齿线形状特点等条件自行规定,表中接触斑点大小与精度等级的关系可供参考。对齿面修形的齿轮,在齿面大端、小端和齿顶边缘处不允许出现接触斑点;对齿面不修形的齿轮,其接触斑点大小不小于表中平均值。

三、圆柱蜗杆和蜗轮的精度

蜗杆、蜗轮和蜗杆传动有12个精度等级,1级精度最高,12级精度最低。齿轮零件工作图精度标注示例:

蜗杆8cGB/T 10089—1988表示蜗杆的三个公差组精度都是8级,齿厚极限偏差为标准值,侧隙公差种类为c;

蜗轮7-8-8fGB/T 10089—1988表示蜗轮的第Ⅰ公差组精度是7级,第Ⅱ、Ⅲ公差组精度是8级,齿厚极限偏差为标准值,侧隙公差种类为f。

表12-15为蜗杆、蜗轮和蜗杆传动的公差与极限偏差以及检验组的应用;表12-16为蜗杆的公差和极限偏差;表12-17为蜗轮的公差和极限偏差;表12-18为传动接触斑点和中心距极限偏差、中间平面极限偏差、轴交角极限偏差;表12-19为传动的最小法向侧隙;表12-20为齿厚偏差计算公式;表12-21为蜗杆齿厚公差和蜗轮齿厚公差。

表 12-15　蜗杆、蜗轮和蜗杆传动的公差与极限偏差以及检验组的应用

检验对象	公差组	公差与极限偏差项目			检验组	适用范围
		名称	代号	数值		
蜗杆	II	蜗杆一转螺旋线公差	f_h		$\Delta f_h, \Delta f_{hL}$	用于单头蜗杆
		蜗杆螺旋线公差	f_{hL}		$\Delta f_{px}, \Delta f_{hL}$	用于多头蜗杆
		蜗杆轴向齿距极限偏差	$\pm f_{px}$		Δf_{px}	用于10～12级精度
		蜗杆轴向齿距累积公差	f_{pxL}		$\Delta f_{px}, \Delta f_{pxL}$	7～9级精度蜗杆常用此组检验
		蜗杆齿槽径向跳动公差	f_r		$\Delta f_{px}, \Delta f_{pxL}, \Delta f_r$	
	III	蜗杆齿形公差	f_{fl}		Δf_{fl}	

表 12-16　蜗杆的公差和极限偏差　　　　　　　　　　　　　　　　　　　　　　　　　　　　　　　　μm

第Ⅱ公差组																		第Ⅲ公差组		
蜗杆齿槽径向跳动公差 f_r [①]				模数 m/mm	蜗杆一转螺旋线公差 f_h			蜗杆螺旋线公差 f_{hL}			蜗杆轴向齿距极限偏差 $\pm f_{px}$			蜗杆轴向齿距累积公差 f_{pxL}			蜗杆齿形公差 f_{fl}		
分度圆直径 d_1/mm	模数 m/mm	精度等级																		
		7	8	9		精度等级														
						7	8	9	7	8	9	7	8	9	7	8	9	7	8	9
>31.5~50	≥1~10	17	23	32	≥1~3.5	14	—	—	32	—	—	11	14	20	18	25	36	16	22	32
>50~80	≥1~16	18	25	36	>3.5~6.3	20	—	—	40	—	—	14	20	25	24	34	48	22	32	45
>80~125	≥1~16	20	28	40	>6.3~10	25	—	—	50	—	—	17	25	32	32	45	63	28	40	53
>125~180	≥1~25	25	32	45	>10~16	32	—	—	63	—	—	22	32	46	40	56	80	36	53	75

① 当蜗杆齿形角 $\alpha \neq 20°$ 时，f_r 值为本表公差值乘以 $\sin 20° / \sin \alpha$。

表 12-17　蜗轮的公差和极限偏差　　　　　　　　　　　　　　　　　　　　　　　　　　　　　　　　μm

第Ⅰ公差组					第Ⅱ公差组									第Ⅲ公差组					
分度圆弧长 L/mm	蜗轮齿距累积公差 F_p 及 K 个齿距累积公差 F_{pK}		分度圆直径 d_2/mm	模数 m/mm	蜗轮径向综合公差 F_i''			蜗轮齿圈径向跳动公差 F_r			蜗轮一齿径向综合公差 f_i''			蜗轮齿距极限偏差 $\pm f_{pt}$			蜗轮齿形公差 f_{f2}		
	精度等级				精度等级														
	7	8	9			7	8	9	7	8	9	7	8	9	7	8	9	7	8	9
>11.2~20	22	32	45	≤125	≥1~3.5	56	71	90	40	50	63	20	28	36	14	20	28	11	14	22
>20~32	28	40	56		>3.5~6.3	71	90	112	50	63	80	25	36	45	18	25	36	14	20	32
>32~50	32	45	63		>6.3~10	80	100	125	56	71	90	28	40	50	20	28	40	17	22	36
>50~80	36	50	71	>125~400	≥1~3.5	63	80	100	45	56	71	22	32	40	16	22	32	13	18	28
>80~160	45	63	90		>3.5~6.3	80	100	125	56	71	90	25	36	45	18	25	36	14	22	36
>160~315	63	90	125		>6.3~10	90	112	140	63	80	100	32	45	56	22	32	45	19	28	45
>315~630	90	125	180		>10~16	100	125	160	71	90	112	36	50	63	25	36	50	22	32	50

注：1. 查 F_p 时，取 $L = \pi d_2/2 = \pi m z_2/2$；查 F_{pK} 时，取 $L = K\pi m$（K 为 2 到小于 $z_2/2$ 的整数）。除特殊情况外，对于 F_{pK}，K 值规定取为小于 $z_2/6$ 的最大整数。
2. 当蜗杆齿形角 $\alpha \neq 20°$ 时，F_r、F_i''、f_i'' 的值为本表对应的公差值乘以 $\sin 20° / \sin \alpha$。

表 12-18　传动接触斑点和中心距极限偏差、中间平面极限偏差、轴交角极限偏差　　　　　　　　μm

传动接触斑点的要求					传动中心距 a/mm	传动中心距极限偏差 $\pm f_a$				传动中间平面极限偏差 $\pm f_x$			传动轴交角极限偏差 $\pm f_\Sigma$			
—		第Ⅲ公差组精度等级				第Ⅲ公差组精度等级							蜗轮齿宽 b_2/mm	第Ⅲ公差组精度等级		
		7	8	9										7	8	9
						7	8	7	8	9						
接触面积的百分比 /%	沿齿高不小于	55		45	>30~50	31	50	25	40				≤30	12	17	24
	沿齿长不小于	50		40	>50~80	37	60	30	48				>30~50	14	19	28
					>80~120	44	70	36	56				>50~80	16	22	32
接触位置	接触斑点痕迹应偏于啮出端，但不允许在齿顶和啮入、啮出端的棱边接触				>120~180	50	80	40	64				>80~120	19	24	36
					>180~250	58	92	47	74				>120~180	22	28	42
					>250~315	65	105	52	85				>180~250	25	32	48
					>315~400	70	115	56	92							

表 12-19　传动的最小法向侧隙　　　　　　　　　　　　　　　　　　　　　　　　　　　　　　　　μm

传动中心距 a/mm	侧隙种类							
	h	g	f	e	d	c	b	a
>30~50	0	11	16	25	39	62	100	160
>50~80	0	13	19	30	46	74	120	190
>80~120	0	15	22	35	54	87	140	220
>120~180	0	18	25	40	63	100	160	250
>180~250	0	20	29	46	72	115	185	290
>250~315	0	23	32	52	81	130	210	320
>315~400	0	25	36	57	89	140	230	360

表 12-20 齿厚偏差计算公式

齿厚偏差名称		计算公式	齿厚偏差名称		计算公式
蜗杆	齿厚上偏差	$E_{ss1} = -(j_{n\,min}/\cos\alpha_n + E_{s\Delta})$	蜗轮	齿厚上偏差	$E_{ss2} = 0$
	齿厚下偏差	$E_{si1} = E_{ss1} - T_{s1}$		齿厚下偏差	$E_{si2} = -T_{s2}$

表 12-21 蜗杆齿厚公差和蜗轮齿厚公差   mm

第Ⅱ公差组精度等级	蜗杆齿厚公差 T_{s1}[①]				蜗轮齿厚公差 T_{s2}[②]											
	模数 m				蜗轮分度圆直径 d_2											
					$\leqslant 125$			$>125\sim400$				$>400\sim800$			
					模数 m										
	$\geqslant1\sim3.5$	$>3.5\sim6.3$	$>6.3\sim10$	$>10\sim16$	$\geqslant1\sim3.5$	$>3.5\sim6.3$	$>6.3\sim10$	$\geqslant1\sim3.5$	$>3.5\sim6.3$	$>6.3\sim10$	$>10\sim16$	$>3.5\sim6.3$	$>6.3\sim10$	$>10\sim16$
7	45	56	71	95	90	110	120	100	120	130	140	120	130	160
8	53	71	90	120	110	130	140	120	140	160	170	140	160	190
9	67	90	110	150	130	160	170	140	170	190	210	170	190	230

① 当传动最大法向侧隙 $j_{n\,max}$ 无要求时，允许蜗杆齿厚公差 T_{s1} 增大，最大不超过两倍。

② 在能保证最小法向侧隙的条件下，T_{s2} 公差带允许采用对称分布。

第 十 三 章

润滑油和密封件

第一节 润 滑 油

一、常用润滑油的性能和用途

常用润滑油的性能和用途见表 13-1。

表 13-1　常用润滑油的性能和用途

类别	品种代号	牌号	运动黏度①/mm²·s⁻¹	黏度指数不小于	闪点不低于/℃	倾点不高于/℃	主要性能和用途	说明
工业闭式齿轮油	L-CKB 抗氧防锈工业齿轮油	46	41.4~50.6	90	180	−8	具有良好的抗氧化、抗腐蚀性、抗浮化性等性能,适用于齿面应力在 500MPa 以下的一般工业闭式齿轮传动、润滑	L——润滑剂类
		68	61.2~74.8					
		100	90~110					
		150	135~165					
		220	198~242		200			
		320	288~352					
	L-CKC 中载荷工业齿轮油	68	61.2~74.8	90	180	−8	具有良好的极压抗磨和热氧化安定性,适用于冶金、矿山、机械、水泥等工业中载荷(500~1100MPa)闭式齿轮的润滑	
		100	90~110					
		150	135~165					
		220	198~242					
		320	288~352		200			
		460	414~506					
		680	612~748			−5		
	L-CKD 重载荷工业齿轮油	100	90~110	90	180	−8	具有更好的极压抗磨性、抗氧化性,适用于矿山、冶金、机械、化工等行业重载荷齿轮传动装置	
		150	135~165					
		220	198~242					
		320	288~352		200			
		460	414~506					
		680	612~748			−5		
主轴油	主轴油(SH 0017—90)	N2	2.0~2.4	90	60	凝点不高于−15	主要适用于精密机床主轴轴承的润滑及其他以油浴、压力、油雾润滑的滑动轴承和滚动轴承的润滑。N10 可作为普通轴承用油和缝纫机用油	SH 为石化部标准代号
		N3	2.9~3.5		70			
		N5	4.2~5.1		80			
		N7	6.2~7.5		90			
		N10	9.0~11.0		100			
		N15	13.5~16.5		110			
		N22	19.8~24.2		120			
全损耗系统用油	L-AN 全损耗系统用油(GB 443—89)	5	4.14~5.06		80	−5	不加或少加少量添加剂,质量不高,适用于一次性润滑和某些要求较低、换油周期较短的油浴式润滑	全损耗系统用油包括 L-AN 全损耗系统用油(原机械油)和车轴油(铁路机车轴油)
		7	6.12~7.48		110			
		10	9.00~11.00		130			
		15	13.5~16.5					
		22	19.8~24.2		150			
		32	28.8~35.2					
		46	41.4~50.6					
		68	61.2~74.8		160			
		100	90.0~110					
		150	135~165		180			

① 在 40℃ 条件下。

二、常用润滑脂的性能和用途

常用润滑脂的性能及用途见表 13-2。

表 13-2　常用润滑脂的性能及用途

润滑脂		牌号	锥入度/(1/10mm)	滴点≥/℃	性　能	主要用途
	名称					
钠基	钠基润滑脂 GB 492—89	1	265～295	160	耐热性很好,黏附性强,但不耐水	适用于不与水接触的工农业机械的轴承润滑,使用温度不超过 110℃
		2	220～250	160		
锂基	通用锂基润滑脂 GB 7324—2010	1	310～340	170	具有良好的润滑性能、抗水性、机械安定性、耐热性和防锈性好	为多用途、长寿命通用脂,适用于使用温度为 −20～120℃ 的各种机械的轴承及其他摩擦部位的润滑
		2	265～295	175		
		3	220～250	180		
	极压锂基润滑脂 GB 7323—2008	0	355～385		具有良好的机械安全性、抗水性、极压抗磨性、防锈性和泵送性	为多效、长寿命通用脂,适用于温度范围为 −20～120℃ 的重载机械设备齿轮轴承等的润滑
		1	310～340	170		
		2	265～295			
钙基	钙基润滑脂 GB 491—2008	1	310～340	80	抗水性好,适用于潮湿环境,但耐热性差	目前尚广泛应用于工业、农业、交通运输等机械设备的中速、中低载荷轴承的润滑。逐步为锂基脂所取代
		2	265～295	85		
		3	220～250	90		
		4	175～205	95		
铝基	复合铝基润滑脂	1	310～340		耐热性、抗水性、流动性、泵送性、机械安全性等均好	称为"万能润滑脂",适用于高温设备的润滑,1 号泵送性好,适用于集中润滑,2 号、3 号适用于轻中载荷设备轴承,4 号适用于重载荷高温设备
		2	265～295			
		3	220～250			
		4	175～205			
合成润滑脂	7412 号齿轮脂	00	400～430	200	具有良好的涂附性、黏附性和极压润滑性,使用温度 −40～150℃	为半流体脂,适用于各种减速箱齿轮的润滑,解决了齿轮箱的漏油问题
		00	445～475	200		

第二节　密　封　件

一、毡圈油封及槽

毡圈油封及槽见表 13-3。

表 13-3　毡圈油封及槽　　　　　　　　　　　　　mm

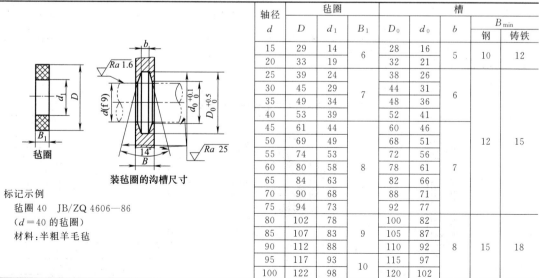

标记示例
毡圈 40　JB/ZQ 4606—86
（d＝40 的毡圈）
材料：半粗羊毛毡

轴径 d	毡圈				槽				
	D	d_1	B_1		D_0	d_0	b	B_{min}	
								钢	铸铁
15	29	14	6		28	16	5	10	12
20	33	19			32	21			
25	39	24	7		38	26	6		
30	45	29			44	31			
35	49	34			48	36			
40	53	39			52	41			
45	61	44			60	46		12	15
50	69	49			68	51			
55	74	53			72	56			
60	80	58	8		78	61	7		
65	84	63			82	66			
70	90	68			88	71			
75	94	73			92	77			
80	102	78			100	82		15	18
85	107	83	9		105	87	8		
90	112	88			110	92			
95	117	93	10		115	97			
100	122	98			120	102			

注：本标准适用于线速度 $v<5\mathrm{m/s}$。

二、O 形橡胶密封圈

O 形橡胶密封圈见表 13-4。

表 13-4　O 形橡胶密封圈　　　　　　　　mm

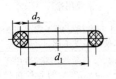

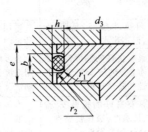

标记示例：

40×3.55G　GB 3452.1—92

（内径 d_1=40.0，截面直径 d_2=3.55 的通用 O 形密封圈）

d_2	$b^{+0.025}_{0}$	$h^{+0.10}_{0}$	d_3 偏差值	r_1	r_2
1.8	2.4	1.38	0 −0.04	0.2~0.4	0.1~0.3
2.65	3.6	2.07	0 −0.05	0.4~0.8	
3.55	4.8	2.74	0 −0.06		
5.3	7.1	4.19	0 −0.07	0.8~1.2	
7.0	9.5	5.67	0 −0.09		

表头：沟槽尺寸

内径 d_1	极限偏差	截面直径 d_2 1.80 ±0.08	2.65 ±0.09	3.55 ±0.10	内径 d_1	极限偏差	1.80 ±0.08	2.65 ±0.09	3.55 ±0.10	5.30 ±0.13	内径 d_1	极限偏差	2.65 ±0.09	3.55 ±0.10	5.30 ±0.13	内径 d_1	极限偏差	2.65 ±0.09	3.55 ±0.10	5.30 ±0.13	7.0 ±0.15
13.2	±0.17	*	*		33.5	±0.30		*	*		56.0	±0.44	*	*	*	95.0	±0.65	*	*	*	
14.0		*	*		34.5		*	*	*		58.0		*	*	*	97.5		*	*	*	
15.0		*	*		35.5		*	*	*		60.0		*	*	*	100		*	*	*	
16.0		*	*		36.5		*	*	*		61.5		*	*	*	103		*	*	*	
17.0		*	*		37.5		*	*	*		63.0		*	*	*	106		*	*	*	
18.0		*	*	*	38.7		*	*	*		65.0		*	*	*	109		*	*	*	*
19.0			*	*	40.0		*	*	*	*	67.0		*	*	*	112		*	*	*	*
20.0			*	*	41.2			*	*	*	69.0		*	*	*	115		*	*	*	*
21.2			*	*	42.5			*	*	*	71.0	±0.53	*	*	*	118		*	*	*	*
22.4	±0.22		*	*	43.7			*	*	*	73.0		*	*	*	122		*	*	*	*
23.6			*	*	45.0	±0.36		*	*	*	75.0		*	*	*	125		*	*	*	*
25.0			*	*	46.2			*	*	*	77.5		*	*	*	128		*	*	*	*
25.8			*	*	47.5			*	*	*	80.0		*	*	*	132		*	*	*	*
26.5			*	*	48.7			*	*	*	82.5		*	*	*	136	±0.90	*	*	*	*
28.0			*	*	50.0			*	*	*	85.0		*	*	*	140		*	*	*	*
30.0			*	*	51.5			*	*	*	87.5	±0.65	*	*	*	145		*	*	*	*
31.5	±0.30		*	*	53.0	±0.44		*	*	*	90.0		*	*	*	150		*	*	*	*
32.5			*	*	54.5			*	*	*	92.5		*	*	*	155		*	*	*	*

三、J 形无骨架橡胶油封

J 形无骨架橡胶油封见表 13-5。

表 13-5　J 形无骨架橡胶油封　　　　　　　　mm

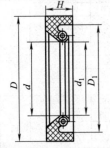

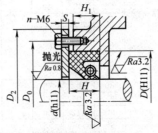

标记示例：J 形油封 50×75×12 橡胶 1-1　HG 4-338—66

（d=50、D=75、H=12，材料为耐油橡胶 1-1 的 J 形无骨架橡胶油封）

	轴径 d	30~95（按 5 进位）	100~170（按 10 进位）
油封尺寸	D	d+25	d+30
	D_1	d+16	d+20
	d_1	d−1	
	H	12	16
油封槽尺寸	S	6~8	8~10
	D_0	D+15	
	D_2	D_0+15	
	n	4	6
	H_1	H−(1~2)	

四、内包骨架旋转轴唇形密封圈

内包骨架旋转轴唇形密封圈见表 13-6。

表 13-6　内包骨架旋转轴唇形密封圈 mm

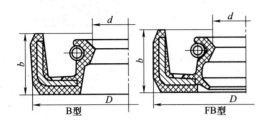 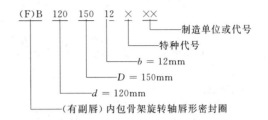

d 轴基本尺寸	D				极限偏差	b 基本宽度及极限偏差	d 轴基本尺寸	D				极限偏差	b 基本宽度及极限偏差
	基本外径							基本外径					
10	22	25			+0.30 +0.15	7±0.3	38	55	58	62		+0.35 +0.20	8±0.3
12	24	25	30				40	55	(60)	62			
15	26	30	35				42	55	62	(65)			
16	(28)	30	(35)				45	62	65	70			
18	38	35	(40)				50	68	(70)	72			
20	35	40	(45)				52	72	75	78			
22	35	40	47				55	72	(75)	80			
25	40	47	52*				60	80	85	(90)			
28	40	47	52				65	85	90	(95)			10±0.3
30	42	47	(50)	52*			70	90	95	(100)			
32	45	47	52*			8±0.3	75	95	100				
35	50	52*	55*				80	100	(105)	110			

内包骨架旋转轴唇形密封圈槽的尺寸及安装示例

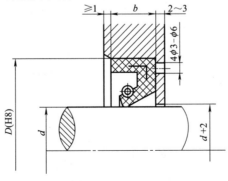

注：有“*”号的基本外径的极限偏差为 $^{+0.35}_{+0.20}$。

五、旋转轴唇形密封圈

旋转轴唇形密封圈见表 13-7。

表 13-7　旋转轴唇形密封圈形式、尺寸及安装要求　　　　　　　　　mm

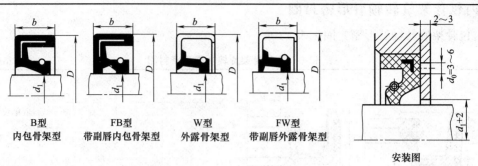

B型 内包骨架型	**FB型** 带副唇内包骨架型	**W型** 外露骨架型
FW型 带副唇外露骨架型		**安装图**

标记示例：

(F)B　120　150　GB 13871—92

（带副唇的内包骨架型旋转轴唇形密封圈，$d_1=120$，$D=150$）

d_1	D	b	d_1	D	b	d_1	D	b
6	16,22		25	40,47,52		55	72,(75),80	8
7	22		28	40,47,52	7	60	80,85	
8	22,24		30	42,47,(50),52		65	85,90	
9	22		32	45,47,52		70	90,95	10
10	22,25	7	35	50,52,55		75	95,100	
12	24,25,30		38	52,58,62		80	100,110	
15	26,30,35		40	55,(60),62	8	85	110,120	
16	30,(35)		42	55,62		90	(115),120	12
18	30,35		45	62,65		95	120	
20	35,40,(45)					100	125	

第 十四 章

减速器拆装实验

一、实验内容

1. 实验目的

通过对减速器的装拆，达到对下列内容的了解，为课程设计打下良好基础。

（1）了解整个减速器的概貌，熟悉拆卸和装配方法。

（2）了解减速器上装有哪些附件，各自的功用及其布置情况。

（3）了解减速器内部结构情况以及轴承和齿轮的润滑。

2. 实验设备及用具

（1）减速器若干台。

（2）拆装用工具一套。

（3）铅笔、橡皮及三角板（学生自备）。

3. 实验原理与内容

所谓减速器是指在原动机与工作机之间独立的闭式传动装置，由置于刚性的封闭箱体中的一对或几对相啮合的齿轮或蜗轮蜗杆所组成，用来改变运动形式、降低转速和相应地增大转矩。此外，在某些场合也有用来增速的，命名为增速器。

减速器种类很多，按齿轮的类型可分为圆柱齿轮减速器、圆锥齿轮减速器、蜗杆减速器、圆锥-圆柱齿轮减速器及蜗杆-圆柱齿轮减速器等；按齿轮的级数可分为单级、二级和三级减速器；按运动简图的特点可分为展开式、同轴式和分流式减速器。

本实验以结合机械设计课程设计为主，按要求拆装一种减速器。要求同学在拆装过程中，仔细观察并作相关记录。

4. 实验方法及步骤

（1）打开减速器前，先对减速器的外形进行观察。

① 了解减速器的名称、类型、总减速比；输入、输出轴伸出端的结构；用手转动减速器的输入轴，观察减速器转动是否灵活。

② 了解减速器的箱体结构，注意下列名词各指减速器上的哪一部分，并观察其结构形状、尺寸关系和作用。

箱体凸缘、轴承旁螺栓、凸台、加强筋；箱体凸缘连接螺栓、起盖螺钉、定位销钉、地脚螺栓通孔；轴承端盖、轴承端盖螺钉。

③ 观察了解减速器各附件的名称、用途、结构和位置要求。

通气器，窥视孔盖，油塞，油面指示器，吊装装置，起盖螺钉，定位销。

（2）按下列顺序打开减速器，取下的零件要注意按次序放好，配套的螺钉、螺母、垫圈应该套在一起，以免丢失。在拆卸时要注意安全，避免压伤手指。

① 用扳手松开轴承端盖螺钉，取下轴承端盖（嵌入式端盖无此项）。

② 取下定位销钉。

③ 取下上、下箱体的各个连接螺栓。

④ 用起盖螺钉顶起箱盖。

⑤ 取下上箱盖。

（3）观察减速器内部结构情况。

① 轴承类型，轴和轴承的布置情况。

② 轴承组合在减速器中的轴向固定方式，轴承游隙及轴承组合位置的调整方法。

③ 传动件的润滑方式，传动件与箱体底面的距离。

④ 轴承的润滑方式，在箱体的剖分面上是否有集油槽或排油槽。

⑤ 伸出轴的密封方式，轴承是否有内密封。

（4）从减速器上取下轴，依次取下轴上各零件，并按取下顺序依次放好。

① 分析轴上各零件的周向和轴向固定的方法。

② 了解轴的结构，注意下列名词各指轴上的哪一部分，各有何功用。

轴颈、轴肩、轴肩圆角，轴环、倒角，键槽、螺纹退刀槽、越程槽，配合面、非配合面。

③ 绘制一根轴及轴上零件的装配草图。

（5）根据实验报告的要求，测量减速器各主要部分的参数及尺寸，并记录于表中。

① 测出各齿轮齿数，求出各级传动比及总传动比。

② 测出中心距，并根据公式推算出齿轮的模数及斜齿轮的螺旋角。

③ 测出各齿轮的齿宽，算出齿宽系数，观察大小齿轮的齿宽是否一样。

（6）按拆卸的相反顺序装好减速器。

（7）用手转动输入轴，观察减速器是否转动灵活，若有故障应以排除。

5. 思考题

（1）轴承座两侧上下箱连接螺栓应如何布置？支承该螺栓凸台高度应如何确定？

（2）本减速器的轴承用何种方式润滑？如何防止箱体的润滑油混入轴承中？

（3）本减速器轴和轴承的轴向定位是如何考虑的？轴向游隙是如何调整的？

（4）为什么小齿轮的宽度往往做得比大齿轮宽一些？

（5）大齿轮顶圆距箱底壁间为什么要留一定距离？这个距离如何确定？

（6）为了使润滑油经油沟后进入轴承，轴承盖的结构应如何设计？

二、减速器拆装实验报告

1. 实验目的

2. 预习作业

（1）减速器装有哪些附件，各有什么作用？

（2）试述减速器的拆装步骤？

3. 实验结果

（1）画出减速器传动示意图，标出各传动件及输入、输出轴。

（2）将减速器主要参数及尺寸填入表 14-1 中。

4. 回答思考题

5. 写出装拆体会，对所装拆的减速器提出改进意见

（1）传动零件、轴系及箱体的结构是否合理。

表 14-1　减速器主要参数及尺寸

减速器类型及名称					
传动比		$i_高$	$i_低$	$i_总＝i_高·i_低$	
		高速级		低速级	
齿数		小齿轮	大齿轮	小齿轮	大齿轮
中心距					
模数	m_t				
	m_n				
齿宽及齿宽系数	b				
	Ψ_d				
轴承型号及个数					
斜齿轮的螺旋角		$\beta_1=$	$\beta_2=$		
蜗杆参数		$z_1=$	$\gamma=$		

（2）轴承的选择、安装调整、固定、拆卸、润滑密封等方面是否合理。

（3）其他方面的体会和改进意见。

第 十五 章

设计题目

1. 题目（一）

（1）设计任务：设计某带式输送机传动系统，要求传动系统中含有一级（直、斜）圆柱齿轮减速器。

（2）传动系统参考方案如图 15-1 所示。

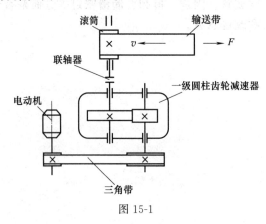

图 15-1

（3）原始数据如表 15-1 所示。

表 15-1 原始数据

主要参数	题 号							
	1	2	3	4	5	6	7	8
输送带拉力 F/N	3200	3000	2800	2600	2400	2200	2000	1800
输送带速度 $v/m \cdot s^{-1}$	1.3	1.5	1.4	1.6	1.5	1.6	1.8	1.6
滚筒直径 D/mm	400	400	400	400	450	450	450	450

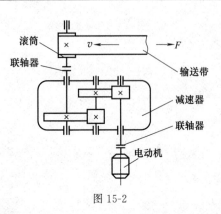

图 15-2

（4）工作条件：连续单向运转，工作载荷较平稳；两班制工作，要求减速器设计寿命为 5～8 年（由教师指定），大批量生产，输送带工作速度 v 的允许误差为 ±5%。

2. 题目（二）

（1）设计任务：设计某带式输送机传动系统，要求传动系统中含有二级（直、斜）圆柱齿轮减速器。

（2）传动系统参考方案如图 15-2 所示。

（3）原始数据如表 15-2 所示。

表 15-2　原始数据

主要参数	题　号							
	1	2	3	4	5	6	7	8
输送带拉力 F/N	3800	4000	3500	3600	3200	4000	4200	3600
输送带速度 $v/m \cdot s^{-1}$	1.0	1.2	0.8	0.8	0.6	1.0	1.2	1.2
滚筒直径 D/mm	350	400	350	320	350	380	420	450

（4）工作条件：连续运转，工作时有轻微振动，两班制工作，设计寿命为 8 年，大批量生产，输送带工作速度 v 的允许误差为 $\pm 5\%$，输送方向分为单向和双向传动（由教师指定）。

3. 题目（三）

（1）设计任务：设计某带式输送机传动系统，要求传动系统中含有一级圆锥齿轮减速器。

（2）传动系统参考方案如图 15-3 所示。

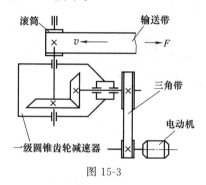

图 15-3

（3）原始数据如表 15-3 所示。

表 15-3　原始数据

主要参数	题　号							
	1	2	3	4	5	6	7	8
输送带拉力 F/N	1050	1200	1350	1500	1650	1800	1950	2100
输送带速度 $v/m \cdot s^{-1}$	1.4	1.26	1.5	1.7	1.6	1.6	1.5	1.5
滚筒直径 D/mm	80	100	120	140	160	180	200	220

（4）工作条件：两班制连续单向运转，载荷平稳，空载启动，室内工作，有粉尘，设计寿命为 5～8 年，输送带工作速度 v 的允许误差为 $\pm 5\%$。

4. 题目（四）

（1）设计任务：设计某带式输送机传动系统，要求传动系统中含有单级蜗杆减速器。

（2）传动系统参考方案如图 15-4 所示。

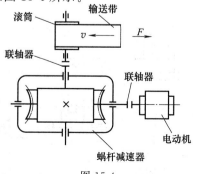

图 15-4

（3）原始数据如表 15-4 所示。

表 15-4　原始数据

主要参数	题 号							
	1	2	3	4	5	6	7	8
输送带拉力 F/N	1600	1700	1800	1900	2000	2100	2200	2300
输送带速度 v/m·s^{-1}	0.70	0.75	0.80	0.85	0.90	0.95	1.00	1.05
滚筒直径 D/mm	370	360	350	340	330	320	310	300

（4）工作条件：连续单向运转，工作载荷较平稳，空载启动，三班制工作，设计寿命为 8 年，大批量生产，输送带工作速度 v 的允许误差为 $\pm 5\%$。

5. 题目（五）

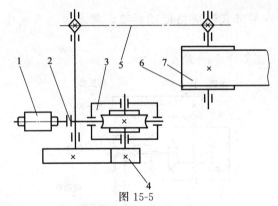

图 15-5

1—电动机；2—联轴器；3—蜗轮减速器；4—开式齿轮传动；5—链传动；6—滚筒；7—输送带

设计带式输送机传动装置如图 15-5 所示，原始数据如表 15-5 所示。

表 15-5　原始数据

参数	题 号				
	1	2	3	4	5
输送带工作拉力 F/N	7000	8000	9000	10000	11000
输送带速度 v/m·min^{-1}	6.5	5.5	5	5	5
滚筒直径 D/mm	350	350	450	500	600
每日工作时数/h	8	8	8	8	8
传动工作年限/a	5	5	5	5	5

注：传动不逆转，载荷平稳，启动载荷为名义载荷的 1.25 倍，输送带速度允许误差为 $\pm 5\%$。

设计工作量：

（1）设计说明书 1 份；

（2）减速器装配图 1 张（A0 或 A1）；

（3）零件工作图 1～3 张。

6. 题目（六）

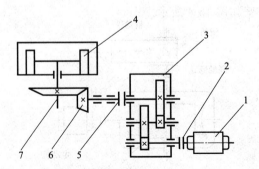

图 15-6

1—电动机；2—联轴器；3—圆柱齿轮减速器；4—碾轮；5—联轴器；6—圆锥齿轮传动；7—主轴

设计盘磨机传动装置如图 15-6 所示，原始数据如表 15-6 所示。

表 15-6　原始数据

参数	题　号				
	1	2	3	4	5
主轴转速 $n_{主}$/r·min^{-1}	30	40	32	45	50
圆锥齿轮传动比 i	3	4	3.5	3.5	4
电动机功率 P/kW	7.5	7.5	7.5	5.5	5.5
电动机转速 $n_{电}$/r·min^{-1}	1500	1500	1500	1500	1500
每日工作时数/h	8	8	8	8	8
传动工作年限/a	8	8	8	8	8

注：传动不逆转，有轻微的振动，启动载荷为名义载荷的 1.5 倍，主轴转速允许误差为 ±5%。

设计工作量：

(1) 设计说明书 1 份；

(2) 减速器装配图 1 张（A0 或 A1）；

(3) 零件工作图 1~3 张。

参考文献

[1]　王海梅. 机械设计课程设计指导. 北京：化学工业出版社，2009.

[2]　龚淮义. 机械设计课程设计简明指导. 第2版. 北京：高等教育出版社，1997.

[3]　龚淮义. 机械设计课程设计图册. 北京：高等教育出版社，1989.

[4]　吴宗泽. 机械设计课程设计. 北京：化学工业出版社，2009.

[5]　王连明. 机械设计课程设计. 修订版. 哈尔滨：哈尔滨工业大学出版社，2005.

[6]　王军. 机械设计基础课程设计. 北京：科学出版社，2007.

[7]　席伟光等. 机械设计课程设计. 北京：高等教育出版社，2003.

[8]　陆玉. 机械设计课程设计. 北京：机械工业出版社，2006.

[9]　刘春林. 机械设计基础课程设计. 杭州：浙江大学出版社，2004.

[10]　张美麟. 机械设计基础课程设计. 北京：化学工业出版社，2002.

[11]　吴宗泽，罗圣国. 机械设计课程设计手册. 第2版. 北京：高等教育出版社，1992.

[12]　林远艳，唐汉坤. 机械设计基础课程设计指导. 广州：华南理工大学出版社，2008.

[13]　张建中. 机械设计基础课程设计. 徐州：中国矿业大学出版社，1999.

[14]　孟庆东. 机械设计简明教程. 西安：西北工业大学出版社，2012.

[15]　金增平. 机械基础实验. 北京：化学工业出版社，2009.

[16]　孟庆东. 材料力学简明教程. 北京：机械工业出版社，2012.